GS&J 탐구 2

농업문제의 심연을 향한 여행

이정환 지음

도서출판 해남

이렇게 생각하고 이렇게 주장했노라고

얼마 전 어느 출판사에서 『다시 읽는 명칼럼』이란 책에 내가 어떤 신문에 기고했던 글을 게재하겠다며 동의를 구해 왔다. 내 글이 무슨 명칼럼이 될까마는 대입 논술시험용 참고서를 만들면서 농업 관련 주제도 하나쯤 넣으려다 우연히 내 글을 본 것 같았다. 아무튼 나쁘지 않은 일이라 흔쾌히 동의서를 써 보냈다.

그런 용도라면 모를까, 신문·잡지 등에 게재되었던 때지난 글을 다시 모아 책을 만든다는 것이 무슨 의미가 있을까? 이 책을 준비하기 전 나 스스로에게 던졌던 질문이다.

한국 농업은 세계 어느 나라도 경험하지 못한 산업화와 개방화의 소용돌이 속을 지나 왔고 최근 수년간 DDA 협상 공방, 쌀 협상 논란, 한 · 미 FTA 협상 갈등 등 회오리의 정점을 지나고 있다. 농업인들은 격렬한 시위로 개방과 농정에 저항했고, 농업과 농업인에 대한 비판의 목소리도 그만큼 높아졌다. 그런 소용돌이 속에서 정책담당자들은 물론 농업인단체, 학자, 언론은 한국 농업이 가야 할 길에 대해 격렬하게 논쟁하였고, 한국 농업은 여건변화에 적응하기 위해 몸부림치며 변해 왔다.

나는 문득 후일 사람들이 이 격변의 시대에 살았던 농업문제 전문가들은 도대체 어떤 생각을 하고 어떤 주장을 했느냐고 따질 것 같은 생각이 들었다. 그리고 이 소용돌이의 한 가운데 있었던 전문가의 한 사람으로 내가 생각하고 주장했던 것을 기록으로 남겨 두고 싶다는 생각에 이르렀다. 기록인 만큼 과거에 썼던 글 중 어법과 맞춤법에 맞지 않는 것은 수정하였으나 내용은 당초의 것을 그대로 싣기로 했다.

그러나 이 책이 단순히 기록을 넘어 사람들이 농업문제의 깊은 속을 이해하고 앞으로의 농정방향을 논의하는 데 도움이 될 수 있기를 기대한다. 농업문제와 농정에 대해 많은 오해와 편견이 있고 그것이 문제해결을 더욱 어렵게 한다고 믿기 때문이다.

기회 있을 때마다 글을 쓸 수 있는 기회를 주신 농민신문을 비롯한 각 신문사에 깊이 감사드린다. 아울러 팔리지 않을 이런 책을 출판하는 고역을 흔쾌히 맡아 주신 도서출판 해남의 노현철 사장님께 감사의 말씀을 드린다.

2007년 9월

이 정 환 씀

차 례

불신을 넘어: 존재의 이유와 구원의 조건

후회 없는 선택을 위하여
'불신의 함정'에 빠진 농정
농업개방, 대타협이 살 길
119조 원 어떻게 쓰나
존재의 이유와 구원의 조건
우리를 둘러싼 희망의 요소들
누가 이 여인에게 돌을 던지려 하는가
협상과 농정에 대한 '무한 토론의 장'을 만들자
농업인은 쟁점을 바꾸고 정부는 관점을 바꾸자

후회 없는 선택을 위하여

농민신문(2004. 4. 14)

지금 우리 나라 농업은 매우 중대한 선택의 기로에 놓여 있다. 후회 없는 선택을 하기 위해서는 현실을 정확하게 이해하는 것이 무엇보다 중요하다. 과연 우리는 우리 나라 농업문제를 정확하게 이해하고 있는가? 오해와 편견에 사로잡혀 잘못된 상식과 믿음의 포로가 되어 있지는 않은가? 우리 다같이 곰곰이 생각해 보자. 후회 없는 선택을 위하여.

농업이 많은 투 · 융자에도 불구하고 별 효과를 거두지 못하고 농가부채만 늘어났다는 주장은 현실을 정확하게 이해하고 있는 것일까? 소비자가 10년 전보다 훨씬 다양하고 품질 좋은 농산물을 1년 내내 소비할 수 있게 된 것은 어떻게 가능하였을까? 채소와 과일가격이 낮아져 수입품과의 가격 차이가 줄어든 것은 경쟁력 향상이 아닌가?

농가경제가 어려운 것은 시장개방 때문이고 시장개방을 막아야 농업이 산다는 주장은 현실을 정확하게 보고 있는 것일까? 우루과이라운드가 없었다면 도 · 농 간 소득격차가 확대되지 않았을까? 우리가 노력하면 시장개방을 어디까지, 언제까지 막을 수 있을까? 과연 경작규모와 농지가격이 농업의 경쟁력을 결정하는 결정적 요인인가?

정부가 농가에게 지나치게 많은 지원을 하고 있다는 주장은 현실을 정확하게 이해하고 있는 것일까? 미국이나 유럽의 농가들은 정부로부터 보조금을 받고 있지 않은가? 미국과 EU는 왜 WTO 칸쿤 각료회의의 결렬을 감수하고 개도국의 보조금 감축 요구를 거부하였을까?

쌀의 관세화는 반드시 막아야 하고 수매제도는 유지되어야 한다는 믿음은 현실을 정확하게 이해하고 있는 것일까? 관세화 유예는 아무 대가 없이 그냥 얻어 낼 수 있는 것일까? 쌀 수매에 쓰이는 예산 중 농가소득 증대에 기여하는 부분은 얼마나 될까?

앞으로 농정은 '선택과 집중'의 원칙에 따른 강력한 구조조정에 중점을 두어야 한다는 주장은 농업의 현실을 올바로 이해하고 있는 것일까? 선택은 누가 할 것인가? 고령영세농 때문에 우리 나라 농업의 경쟁력이 낮은 것일까? 그들이 농업을 떠나 유휴화되면 그것이 국가적으로 이득일까? 지난 10년간 농업의 구조조정은 정말 부진하였나?

농협중앙회의 신 · 경분리와 지역조합의 대규모 합병을 주장하는 사람들은 농협문제를 제대로 인식하고 있는 것일까? 농협중앙회가 신 · 경분리되고 지역조합이 대형화되면 산지 유통사업을 잘하게 될까? 유통사업을 모범적으로 하고 있는 소규모 조합은 무슨 이유 때문일까?

화학비료를 안 쓰고 유기질비료를 많이 쓰면 친환경농업이라고 믿는 것은 친환경농업을 온전히 이해하고 있는 것일까? 축산분뇨를 비료화하면 환경문제가 해결되는 것일까? 연간 천만 톤 이상 수입되는 사료곡물은 결국 무엇이 되어 어디에 쌓여 있을까?

농지의 소유와 이용에 관한 규제를 당장 풀어 농지수요를 늘려야 한다는 주장은 농지문제를 정확하게 이해하고 있는 것일까? 소유를 자유화하면 필지가 세분화되거나 지분소유가 늘어나 농지유동에 큰 걸림돌이 될 가능성은 없는가? 농지의 무질서한 전용으로 농촌의 환경과 경관을 돌이킬 수 없게 망칠 가능성은 없는가?

이자율 인하와 상환유예에 매달려 온 부채대책은 농가부채문제의 현실을 똑바로 이해하고 있는 것일까? 이자율 인하로 부실농가의 부채부담이 얼마나 줄어들까? 상환유예 기간이 끝나면 부실농가의 상환능력이 생길까?

우리는 이제까지 우리가 의존하여 온 상식과 믿음이 과연 정확한 현실인식에 근거한 것인지 깊이 따져 볼 겨를도 없이 내 생각을 주장하고 외치며 달려왔다. 그러나 이제 하나씩 깊이 생각해 보자. 후회 없는 선택을 위하여.

'불신의 함정'에 빠진 농정

서울경제(2003. 7. 23)

농업·농촌이 위기를 맞고 있다는 이야기가 무성하다. 이러한 위기감을 반영하듯 지난 해부터 새 정부 농정에 관한 토론회가 여기저기에서 개최되었고, 나도 그런 자리에 여러 번 참가하였다. 그러나 그렇게 많은 토론에도 불구하고 농정방향에 대해 합의를 이루는 데 별다른 성과를 거두지 못하고 있는 것 같다. 정부는 시장개방에 대비해 쌀 수매가를 인하시켜야 한다고 주장했지만 국회는 수매가를 동결하였고, 칠레와 합의한 FTA도 농민들의 격렬한 반대 때문에 언제 비준될지 불투명한 상황에 있다는 것이 이러한 사정을 잘 보여 주고 있다.

왜 수많은 토론이 불모의 토론으로 끝나는 것일까? 그것은 우리가 위기를 극복할 수 있는 방법을 논할 수 있는 토대를 갖고 있지 못한 데 있으며, 우리 나라 농업·농촌의 위기는 위기적 상황 그 자체보다도 바로 우리가 위기극복 방안을 논의할 토대를 갖고 있지 못한

데 있다고 생각한다. 왜 논의의 토대가 형성되어 있지 못한가? 그것은 우리가 신뢰의 위기에 빠져 있기 때문이 아닐까.

비농업계는 농정이 시장논리를 무시한 시책을 무리하게 펼쳐 예산을 낭비하고 있을 뿐만 아니라 농업계가 집단이기주의적 주장을 정치적으로 무리하게 관철시킨다고 비판한다. 반면, 농업계는 비농업계가 농업에 대한 이해가 부족해 농촌문제에 대한 근본적인 해결을 외면하고 시장개방에만 집착하면서 언론 등을 이용해 압력을 가하고 있다고 반발하고 있다. 이와 같이 상호 불신하는 가운데에서는 정책선택에 관한 토론이 아무리 반복되어도 각기 자기의 주장을 반복하는 경연으로 끝나는 것은 당연한 귀결일 것이다.

농업계는 국내외 여건에 대한 냉철한 이해보다는 열정과 힘찬 주장에 압도되고, 비농업계는 냉소적 · 현실회피적 입장으로 일관할 것이다. 결국 논란은 무성하지만 현재의 정책 틀을 그대로 유지한 채 시간은 흐르고 WTO 협상과 일련의 FTA 협상이 진행되다가 어느 날 협상은 끝날 것이다. 뜻밖의 결과에 너도나도 당황하여 황급히 대책을 수립하지만 낭비와 혼란이란 비용만을 지불하게 될 것이다.

우리를 뒤덮고 있는 불신과 대립의 늪을 넘기 위해서는 무엇이 필요하고 무엇을 해야 하는가? 농정이 제대로 되려면 이 숙제부터 우선 풀어야 할 것 같다.

불신을 넘어: 존재의 이유와 구원의 조건

농업개방, 대타협이 살 길

조선일보(2003. 7. 30)

우리 농업은 지금 과거 어느 때보다 큰 도전과 위기에 직면해 있다. 농업의 위기는 위기적 상황 그 자체보다도 위기극복 방안을 논의할 수 있는 신뢰의 토대를 갖고 있지 못하다는 데 있다고 생각한다.

비농업계는 농정이 시장논리를 무시한 시책을 무리하게 펼친 결과, 예산을 낭비하고 있을 뿐만 아니라 농업계가 집단이기주의적 주장을 무리하게 관철시킨다고 비판하고 있다. 그러나 여기에서 농가의 호소에 귀를 기울여 보자.

산업화가 시작된 이래 계속 상승하기만 하던 농산물 가격이 1990년대 중반부터 떨어지기 시작하여, 우리 나라 농가의 3분의 1을 차지하는 경영규모 0.5ha 이하의 영세농가는 놀랍게도 이 기간에 소득이 명목으로 14%나 감소하였고, 규모를 확대하거나 시설투자를 많이 한 농가는 부채부담에 쩔쩔매고 있다.

그런데 앞으로 시장개방이 더 빨라진다니 농산물 가격이 얼마나 더 떨어질지 불안하기 그지 없다. 이렇게 불안한 상황에서는 DDA(도하개발아젠다)나 FTA(자유무역협정)가 시대적 대세라는 것을 모르는 바는 아니나 일단 결사적으로 반대할 수밖에 없다. 이것이 농민들의 솔직한 심정이라고 생각한다.

따라서 이들에게 지금 절실한 것은 미래에 대한 불안과 불확실성을 제거해 주는 것이다. 이를 위해 정부, 농민, 납세자가 다음과 같은 대타협을 하자는 대담한 제안을 하고 싶다.

먼저, 정부는 농산물 시장개방으로 중요 농산물 가격이 하락하는 경우 가격하락에 의해 발생하는 소득감소를 직접지불 방식에 의하여 보전해 주는 소득지지 목표를 제시하자. 물론 이 때 직접지불은 되도록 기준연도 면적과 단수를 기준으로 지급하여 생산과 연계되지 않도록 함으로써 증산유인이 되지 않도록 해야 할 것이다.

이러한 정부 시책을 전제로 농가는 WTO(세계무역기구)와 FTA 협상결과를 수용한다는 데에 동의하자. 정부의 소득지지 목표가 확실히 제시되었으므로 규모확대와 가격차별화 등 자구적 노력으로 소득증대를 도모하는 것은 농가의 몫이 된다는 데에도 동의하자.

세계화 바람이 회오리치는 개명천지에 소득보장이라니 무슨 시대착오적 이야기인가라고 생각하는 사람이 있을지도 모른다. 그러나 그것은 오해다.

분명히 알아야 할 것은 미국과 EU 모두 일관되게 명시적 가격지지 목표와 소득지지 목표를 가지고 있었고, 2010년대까지의 지지목표를 이미 제시하고 있다는 것이다. 목표수준에 미달하는 부분은 직접지불제도로 보전하여 사실상 일정한 소득수준이 보장되고 있고, 그 지지수준을 낮추고는 있지만 인하속도가 매우 완만하여 농가가 충분히 적응할 수 있도록 하고 있다.

이런 대타협의 원칙에 합의한다면, 현재의 단위면적당 명목소득 수준을 지지 목표로 설정할 수 있으리라 생각한다. 시장개방으로 농산물 가격이 하락하여 그와 같은 목표수준에 미달할 경우, 정부가 직접지불 방식으로 차액을 보전하게 되므로 결국 정부의 직접지불 규모는 DDA 또는 FTA 협상결과에 따라 결정될 것이다.

만일 협상결과 시장개방의 폭이 커지고 가격이 급격히 하락한다면 정부가 부담해야 하는 재정부담도 늘어나게 된다. 정부의 부담이 크게 늘어난다면 그것은 곧 납세자의 부담으로 귀착될 것이며, 그러한 의미에서 협상에 관해서 농민들보다 납세자들이 더 많은 관심을 갖게 될지도 모른다.

농민들이 협상에 관한 직접적인 요구를 할 필요가 적어지고, 협상을 둘러싸고 농민과 정부가 충돌할 이유도 줄어들므로, 농업이 국가발전전략에 걸림돌이 된다는 비판에서도 자유로워질 수 있을 것이다.

그렇게 되면 농업생산자는 정부의 협상에 관심을 갖기보다는 도리어 어떻게 소비자들과 도시민을 만족시켜 그들이 기꺼이 납세부담을 하도록 할 것인가에 관심을 집중시키게 되는 새로운 상황을 맞이하게 될 것이다.

불신을 넘어: 존재의 이유와 구원의 조건

119조 원 어떻게 쓰나

국민일보(2003. 11. 24)

한국 · 칠레 FTA 비준이 난항을 겪고 있는 가운데 지난 11일 119조 원의 농업 투 · 융자계획이 발표되었다. 그러나 많은 사람이 지난 10여 년간의 농업투자가 아무런 성과를 거두지 못했음을 비판하면서 농업도 과감한 구조조정에 나설 것을 촉구하였다.

반면, 농민단체들은 FTA를 비롯해 농산물 시장개방에 반대하는 운동을 더욱 강화할 태세이다. 이 위험스런 대립을 극복하기 위해서는 우리 농업을 지배하는 진실에 대한 인식을 공유하는 것이 무엇보다 필요하다고 생각한다. 잘못된 믿음 때문에 오해가 발생하고 그로 인해 대립에 빠지게 되기 때문이다.

이를 위해 먼저 농업이 지난 10년간 구조조정을 게을리하여 이 지경이 되었다는 주장을 검토해 보자. 놀랍게도 유럽연합(EU)은 물론 세계 최대의 농업강국 미국도 오랫동안 중요 농산물에 대한 가격지지와 소득지지 목표제도를 유지하여 왔고, 앞으로도 2010년쯤까지 방대한 예산을 투입할 계획이다. 이런 보조금을 대폭 줄이라는 개도국들의 아우성을 뿌리치려다가 결국 칸쿤 세계무역기구(WTO) 각료회의 결렬을 감수하였음을 주목해야 한다. 왜 그랬을까?

그것은 시장개방으로 농산물 가격이 하락하면 그만큼 농업취업자가 줄어야 하는데 어느 나라에서나 농업취업자가 단기간에 전직하는 것은 대단히 어렵기 때문이다. 미국과 유럽의 선진국들은 100년, 200년 이상 전부터 산업화가 진행되어 여러 차례 세대교체과정을 거치면서 농업취업자가 감소한 결과 총취업자의 2%도 안 되지만, 아직도 가격지지와 소득보전 없이 시장개방에 견딜 만큼의 구조조정에 이르지는 못하였다.

따라서 이제 산업화가 시작된 지 40여 년밖에 안 된 한국에서 농업의 구조조정이 늦다고 책망만 하는 것은 너무 조급하다고 생각한다. 40년도 더 전인 1960년 이전, 국민소득이 채 100달러도 안 되고 대부분의 사람이 기아로부터의 해방을 갈구하던 시기에 농사짓기를 시작한 사람들, 그들이 우리 나라 농민의 60%를 차지하고 있기 때문이다. 농업문제는 '산업의 문제'이기에 앞서 '사람의 문제'이고 '시간과의 싸움'임을 간과하지 말아야 한다.

그러나 동시에 우리가 직면한 농업문제가 시장개방을 거부하여 해결될 수 있는 것인가 짚어 보자. 여기서 베트남전쟁 당시 8년간의 혹독한 포로생활 동안 냉혹한 현실을 똑바로 직시하면서도 결국 반드시 살아 돌아갈 수 있다는 믿음을 잊지 않음으로써 많은 부하들과 같이 살아서 귀환할 수 있었던 스톡데일 장군의 이야기, 이른바 '스톡데일 패러독스'에 귀기울여 볼 필요가 있다. 그 어느 때보다 불확실하고 어려운 상황에 놓여 있는 우리 농민도 농업이 처한 냉혹한 현실을 용기 있게 직시하고, 그러나 반드시 활로가 있다는 강한 믿음을 가질 필요가 있다.

우리는 당면한 농업문제가 단순히 시장개방의 결과가 아니라 산업화의 결과이고 경제발전의 귀결임을 직시해야 한다. 물론 시장개방이 문제를 더 어렵게 하고 있는 것은 분명하지만 시장개방을 거부한다고 해도 문제가 해결되는 것은 아니다. 더 이상의 시장개방이 없더라도 국내수요의 정체로 농산물 가격은 상승하기 어렵고 소득문제는 그래도 남기 때문이다.

앞으로 농업·농촌의 활로는 농업과 농촌이 소비자와 도시민에게 안전하고 편안한 삶을 나누어 주는 다원적 기능을 충실히 발휘하여, 우리 농산물과 농촌공간에 대한 새로운 수요를 창출하고 납세자들이 농업과 농촌을 위한 부담을 기꺼이 받아들일 수 있도록 하는 데 있다. 농업이 도시민과 소비자로부터 고립되고 그들의 이해와 사랑을 받지 못한다면 활로가 없다는 현실을 직시해야 한다.

여기서 정부가 해야 할 가장 중요한 일이 있다. 그것은 시장개방의 충격과 피해가 고스란히 농가에 전가되고, 이득은 소비자에게 귀속되는 이제까지와 같은 상황을 바꾸는 제도를 마련하는 일이다. 그렇지 않으면 농가는 시장개방에 대한 불안감을 떨쳐버릴 수 없다. 어떻게 피해와 이득을 농민, 소비자, 납세자가 함께 분담·공유할 수 있도록 할 것인가? 이제 다시 모여 앉아 119조 원을 어떻게 잘 사용하여 그런 장치를 마련할 것인지 무릎을 맞대고 논의해 보자.

불신을 넘어: 존재의 이유와 구원의 조건

존재의 이유와 구원의 조건

농민신문(2004. 3. 29)

누군가 농업은 조강지처라 하였고, 누구는 어미라고도 했다. 맞는 말이다. 1인당 국민소득이 100달러도 안 되어 외국에서 식량을 사 온다는 것은 엄두도 못 낼 시절, 우리 논밭에서 거둔 곡식이 있었기에 우리는 이렇게 자랐다. 보리밥 한 숟가락도 아껴 학비를 대준 덕택에 우리는 세계에서 교육수준이 가장 높은 나라가 되었다.

그래서 이제 국민소득이 100배나 늘었다. 그 때부터 농사를 천직으로 알고 살아온 사람들이 지금 농가의 6할을 차지하고 있다. 누가 이 조강지처의 거친 손을 탓하려 하는가? 누가 이 어미의 구릿빛 얼굴을 흉하다 하는가? 야속하기도 하고 슬프기도 하고 노엽기도 하다. 그러나 현명한 조강지처와 어미는 이렇게 생각해 본다.

조강지처가 지은 밥이 더 맛있어야 하는 것 아닌가? 어미가 지어준 된장찌개가 콧날이 시큰하도록 옛 맛이 있어야 하는 것 아닌가?

다른 누가 지어준 밥상보다 더 정갈해야 하지 않는가? 내가 지은 밥과 된장찌개는 과연 그렇게 맛있고 정갈한가? 어찌 예전에 먹던 보리밥과 된장찌개만 고집할 수 있겠는가? 입에 맞는 새 반찬에 때로는 상큼한 과일도 후식으로 먹게 해 주어야 하지 않는가?

어찌 그뿐인가. 집안을 깨끗이 닦고 정리하여 저녁에 돌아온 남편이 편안하게 쉴 수 있게 해 주어야 하지 않는가? 집 안팎을 쓸고 건넌방을 치워 놓아 아들네 식구가 즐겁게 하루를 묵고 갈 수 있게 해야 하지 않는가?

이런 조강지처가 있어 남편이 편안하고, 이런 어미가 있어 자식의 삶이 즐겁다. 이런 남편과 아들이 있어 조강지처와 어미는 행복하다. 이렇게 우리의 소비자, 도시민, 기업인, 농업인 모두가 오순도순 살 수는 없을까?

소비자와 도시민은 소득 1만 달러 시대에 걸맞은 생활을 하고 싶어 한다. 다양하고 청결한 값싼 식품을 사시사철 먹고 싶고, 깨끗하고 아름다운 산과 들, 강과 바다를 즐기고 싶어 한다.

이것은 소비자와 도시민의 당연한 욕구이다. 농업은 이러한 욕구를 충족시켜 주어야 한다. 우수하고 값싼 식품에 대한 소비자의 요구와 깨끗하고 아름다운 농촌공간에 대한 도시민의 욕구를 충족시키는 것이 농업의 책무이고 존재의 이유이다.

그러한 책무를 수행하여야만 농업의 소득기회가 늘어날 수 있다는 의미에서 존재의 조건이기도 하다. 이러한 요구를 우리 농업만으로 충족시킬 수 없을 때 농업 스스로 길을 비켜 주어야 한다. 농업의 필요 때문에 그들의 욕구를 포기하라고 할 수는 없기 때문이다.

그러나 동시에 소비자와 도시민의 욕구를 충족시키기 위하여 농업과 농업인의 삶이 위협받아서는 안 된다. 그렇게 되면 소비자와 도시민도 많은 것을 잃게 될 것이다.

그래서 정부가 필요하다. 시장개방으로 농가가 감당하기 어려울 만큼 농산물 가격이 하락한다면 농가의 소득을 보전해 주어야 한다. 농촌환경을 보전하기 위하여 농가의 이익이 유보되어야 한다면 그만큼 소득을 보상해 주어야 한다. 그래서 앞으로 소득보전과 보상을 위한 재정수요는 늘어날 수밖에 없다.

그 재정소요는 도시민과 기업에서 나와야 하고, 그러기 위해서는 농업의 필요 때문에 다른 산업의 이익을 포기하라고 하기보다 믿을 수 있는 농산물을 생산하고 농촌을 아름답고 깨끗하게 보전하여 그들이 흔쾌히 그 부담을 수용하게 만들어야 한다. 이러한 이해와 합의가 우리 모두를 구원할 것이다.

우리를 둘러싼 희망의 요소들

농민신문(2004. 11. 1)

최근 한 중앙 일간지에 깜짝 놀랄 만한 기사가 실렸다. 국민의식 조사결과 우리 국민의 78%는 "어떠한 대가를 치르더라도 쌀 농업은 지켜야 한다"고 생각하고 있고, 87%가 "농업에 대한 보조금은 필요하다"고 응답했다고 한다. 어느 모임에서 만났던 주부에게 "내년에 중국 쌀이 슈퍼마켓에 나오게 될지 모르는데 잘 팔릴까요?" 라고 묻자 주저 없이 "우리 나라 쌀값의 반 정도라면 모를까 누가 중국 쌀을 사 먹겠느냐"며 우리 쌀에 대한 깊은 신뢰를 나타냈다.

또 하나 나를 놀라게 하는 일이 있다. 요즘 불황으로 모든 가게와 음식점이 문을 닫아야 할 지경이라고 야단이지만, 우리 집 근처 김치찌개 식당에는 항시 손님이 줄을 서서 기다린다. 한 그릇에 5,000원짜리 음식을 파는 대중음식점도 소비자의 요구를 만족시키고 감동을 주어야만 살아 남을 수 있단 말인가! 우리 사회 구석구석까지 일등만이 생존하는 무한경쟁의 논리가 관철되고 있음을 보여 주는 것이다.

식품의 맛과 품질, 안전성에 대한 소비자의 요구수준은 점점 더 높아지고 있다. 이는 우리 나라만이 아니라 세계적인 현상이다. 최근 선진 각국 농정의 관심은 식품 안전성 확보에 있다.

중국에서도 품질과 산지에 따라 같은 농산물 값이 5~6배 정도 차이가 나는 경우가 흔하고, 이른바 '그린 식품' 이라는 안전성 높은 식품에 대한 수요가 크게 늘고 있다. 소비자의 요구를 충족시킬 수만 있다면 식품도 얼마든지 사치품이 될 수 있는 시대에 와 있다.

내년이면 세계 각국의 쌀이 시장에 나와 소비자를 유혹할 것임에 틀림없다. 수년 내에 많은 국가와 자유무역협정을 체결하게 될 것이고, 더 많은 외국산 농산물이 시장에 나타나 소비자를 유혹할 것이다. 중국은 수출농업 육성에 국가적 노력을 기울이고 있고 우리나라 소비자를 눈독 들이고 있을 것이다. 소비자가 어느 쪽을 선택할 것인가? 과연 우리 농산물과 농촌이 어느 집 김치찌개처럼 소비자와 도시민을 만족시켜 손님을 끌어 모을 수 있을까?

다행히 소비자는 우리 농산물에 대해 신뢰가 깊고, 국민은 우리 농업과 농촌에 대한 애착이 남다르다. 이는 우리 농업에 더없이 큰 자산이다. 이런 자산을 가지고 있는 나라는 많지 않다. 과연 우리는 이 소중한 자산을 활용할 준비가 되어 있는가?

최근 지방 몇 곳에 강의를 다녀오면서 깊은 인상을 받았다. 각 지자체와 농업인들은 고뇌하고 있었다. 어떻게 소비자와 도시민의 요구에 맞는 상품과 서비스를 생산할 수 있을 것인가? 우리 지역 농업을 어떻게 바꿔야 할 것인가? 하고.

우리 농촌에는 지금 분명히 새로운 힘이 꿈틀거리고 있다고 생각한다. 이 새로운 힘이 소비자의 신뢰, 국민의 애착과 잘 어우러진다면 치열한 시장경쟁을 통해 새롭게 도약할 수 있을 것이다.

물론 이 새로운 도약으로 모든 농가의 문제가 해결될 수는 없다. 급격한 시장개방의 충격을 조절해 주지 않으면 이 꿈틀거림이 수렁에 빠져 버린다는 것을 잊지 말아야 한다. 충격을 조절하는 대책은 새로운 도약을 위한 전제조건이며, 한국 농업의 연착륙을 위한 패러슈트(낙하산)이기 때문이다.

불신을 넘어: 존재의 이유와 구원의 조건

누가 이 여인에게 돌을 던지려 하는가

농민신문(2005. 1. 7)

성경에 사람들이 간음한 여인을 예수에게 끌고와 "이 여인을 율법에 따라 돌로 쳐 죽일 것인가?"라고 물으니, 예수가 "너희 가운데 죄가 없는 자가 이 여인을 돌로 치라"고 하자 모두 물러갔다는 구절이 있다. 우리는 이제까지 상대방을 간음한 여인이라며 돌팔매질하는 데 너무 열중했던 것은 아닌가.

농민단체들은 늘 협상도 정책도 잘못되었다고 비판한다. 정책담당자들의 말은 믿을 수 없고 연구하는 사람들은 정부의 입장을 합리화하는 데 급급하다고 비난한다. 그래서 대규모 시위를 벌여 교통을 마비시키는가 하면 토론회장을 점거하기도 한다.

정책담당자들은 농업과 농민의 어려움을 해결하기보다 자신의 입신양명만을 위하며, 농협 등 농업관련 기관은 집단이기주의에 빠져 있어 희망이 없다고 생각하는지도 모른다. 그래서 모든 일에 대해 반대하고 끊임없이 쟁점을 만들어 내야 새로운 지원대책을 이끌어 낼 수 있다고 생각하는지도 모른다.

한편, 많은 정책담당자들은 농민단체가 모든 것을 반대하고, 대화는 거부한 채 격렬한 시위에만 의존하려 한다고 비판한다. 문제를 해결하기보다는 정치적 입지를 강화하기 위해 반대하고, 무리한 요구조건을 내세운다고 생각하는지도 모른다.

이런 상호 불신과 비방은 농업계 전체에 대한 불신으로 되돌아오고 있다. 경제문제를 논의하는 자리에 나가면 정책담당자, 학자, 언론인, 기업인들은 한결같이 "지난 10여 년 사이 농업·농촌에 100조 원에 이르는 돈을 쏟아 부었지 않았는가. 왜 아직도 농민들은 시장개방에 반대하며 경제발전의 발목을 잡으려 하느냐"고 힐문한다. 그들은 농민은 물론 농정담당자와 농업문제를 연구하는 사람들까지 모두 도덕적 해이에 빠져, 해야 할 일을 하지 않은 결과 농업이 이 지경이 되었다고 생각하고 있는 듯하다. 그리고 농업계의 무지와 무능 때문이라고 비웃는지도 모른다. 이것은 대단히 불행한 일이다.

모두가 불신하고 비판하다 보니 또 다른 불신과 냉대를 낳고 있는 것이다. 왜 이렇게 되었을까? 어떻게 이 수렁에서 벗어날 수 있을까? 이 수렁에서 벗어나려면 돌을 들기 전에 스스로를 깊이 성찰하는 것이 중요하다고 생각한다.

농업이 성장하는 산업, 미래가 밝은 산업이라면 어려운 일에 봉착하더라도 서로 이해하고 극복해 나아가는 방향으로 의견이 쉽게 모아졌을 것이다. 그러나 농업은 끊임없이 어려움에 직면하였고, 그런 가운데 모두 지치고 좌절하여 누군가를 비판하고 책임을 지우려는 유혹에 빠진 것이라고 생각한다. 그러나 농업문제의 심연을 보고 자기의 허물을 생각하면 상대방의 어려움을 이해하게 될 것이다.

우리가 당면하는 농업문제는 선진국들도 산업화 과정에서 겪었던 문제이다. 우리 나라는 산업화의 속도가 다른 선진국에 비해 5~6배나 빨라 문제가 더 심각하게 나타났다. 그만큼 농민은 고통을 겪을 수밖에 없었고 농정도 해답을 찾기가 쉽지 않았다. 더구나 최근에 불어 닥친 세계화의 회오리로 다른 선진국들이 사용하였던 국경보호와 국내보조를 사용하기가 어려워지면서 농가경제는 더욱 힘들어지고 농정의 선택 폭도 급격히 좁아지고 있다.

우리 모두 이러한 농업문제의 심연을 보고 당장의 득실과 현상대응에 급급하였던 조급함을 반성하자. 그리고 이제 서로에게 돌을 던지려 하기보다는 일단 신뢰하고, 근본적이고 합리적인 대안을 함께 찾아보자. 이런 희망은 한낮 서생의 백일몽일까?

협상과 농정에 대한 '무한 토론의 장'을 만들자

농민신문(2005. 12. 7)

반년 이상 끌어온 쌀협상비준안이 겨우 국회를 통과하여 아무런 준비도 갖추지 못한 채 느닷없이 관세화로 가게 되는 최악의 상황은 면하게 되었다.

그러나 우리는 너무나 많은 비용을 지불하였다. 전국적으로 격렬한 시위가 벌어져 부상자가 속출하고 농업인이 스스로 목숨을 끊는 사건까지 발생하였다. 농업인은 정부와 농정에 대해 더 큰 불신을 갖게 되었고, 정부는 토론과 협의를 거쳐 정책을 추진한다는 이른바 참여농정의 가능성에 더욱 깊은 회의를 갖게 되었다.

내가 만난 한 농업인은 "정부가 우리를 속이고 드디어 우리를 버렸다"며 분노하고 있었고, 정부의 한 간부는 "정말 지치고 힘들다. 밤낮 가리지 않고 일 했는데 농업인들의 거친 힐난 앞에 긍지와 보람이 다 무너져 버렸다"라며 좌절하고 있었다. 참으로 근심스런 일이다. 쌀협상비준안보다 훨씬 복잡하고 어려운 결정을 해야 할 일이 산적해 있는데 이런 불신의 구조 속에서 외국과 치열하게 협상을 하고 시의적절하게 현명한 선택을 해 나갈 수 있을까?

도하개발아젠다(DDA) 협상에서 관세를 대폭 감축하되 일부 품목을 민감품목과 특별품목으로 지정하여 최대한 신축성을 확보하는 타협안을 수용할 것인가? 민감품목 또는 특별품목을 어떻게 정할 것인가? 개도국 지위를 확보하기 위해 무언가 양보해야 한다면 어떤 것을 내줄 것인가? DDA 협상결과 쌀의 관세화 유예를 중단하는 것이 더 유리하다고 판단되는 경우 관세화로 전환할 것인가? 농가소득보전 직불제도 등은 어떻게 개혁할 것인가? 무역으로 먹고 살 수밖에 없다는 현실을 부정하고 자유무역협정(FTA)을 무조건 저지하여 그 결과에 대한 책임을 모두 떠안을 것인가? FTA를 수용하는 경우 어떤 협상조건과 국내대책을 전제조건으로 제시할 것인가? 모두가 민감하고 농가 간에 이해가 첨예하게 엇갈릴 수 있는 문제들이다.

이러한 어려운 선택의 순간이 오기 전에 충분히 논의하고 합의를 도출하는 틀을 만들지 못하면 불신과 반목만 거듭하여 정부는 실익을 챙길 수 있는 협상의 기회를 놓쳐 버리고 결국 농업인만 더욱더 어려워지게 될지도 모른다. 따라서 이제 쌀 협상은 역사에 묻고 새로운 논의의 틀을 만드는 데 모두가 나서야 한다.

정부는 협상과 정책의 최대 이해당사자는 농업인임을 인정하고 모든 것은 농업인과의 협의와 합의를 통해 추진한다는 원칙을 명백히 하자. 이러한 원칙 아래 공식 · 비공식, 공개 · 비공개, 고위급 · 실무급의 토론을 몇 날 며칠 밤낮없이 무제한 하는 것을 원칙으로 하자. 119조 원의 범위 내에서 어디에 얼마를 쓸 것인가는 농림부가 농업인과의 협의를 통하여 독자적으로 결정한다는 원칙도 분명히 하자.

농업인은 정부가 농업인을 위해 노력하고 있음을 인정하고 그들의 이야기에 귀를 기울이자. 납세자의 이익도 보호되어야 함을 인정하자. 그리고 자신들의 주장과 대안, 요구사항을 명백히 제시하고 그 요구사항에 대하여도 무제한 토론한다는 원칙을 분명히 하자. 이런저런 이유로 토론과 협의를 거부하지 말자. 농민단체 사이의 이견도 토의를 통하여 단일화하고, 그 요구사항이 수용되는 경우 그 결과에 대해 정부와 같이 책임을 분담한다는 원칙을 분명히 하자.

물론 우리 나라 어디를 가도 불신과 갈등의 골이 깊고 토론과 합의의 문화가 형성되어 있지 못하므로 이러한 논의의 틀이 순항하기는 결코 쉽지 않을 것이다. 그러나 그 과정을 통해 서로의 진정성만이라도 인정하게 된다면 분노하고 좌절하는 일이 줄어들고, 뻔히 보이는 실익을 놓쳐 훗날 모두가 후회하고 원망을 듣는 최악의 상황은 피할 수 있을 것이다.

농업인은 쟁점을 바꾸고 정부는 관점을 바꾸자

농민신문(2006. 1. 1)

쌀 협상비준을 반대하는 격렬한 시위중 많은 농업인이 부상당하고 2명은 결국 사망하고 말았다. 뒤이어 WTO에 반대하기 위하여 원정시위에 참여하였던 농민단체 회원이 홍콩 경찰에 1,000여 명이나 연행되고 그 중 11명은 구속 기소되었다. 농업인은 너무나 많은 비용과 희생을 치렀다.

이제 고통스러웠던 한 해를 접고 새해를 맞이하면서, 그렇게 값비싼 비용이 농업인에게 어떤 이득을 가져다 주었는가? 냉철히 따져보자. 다른 방법이 없었던 것인가? 깊이 고뇌해 보자. 그리고 정부는 왜 사태가 여기에 이르렀는가? 성찰해 보자.

먼저 농업인은 WTO와 FTA에 정면으로 저항하면 실익은 적고 높은 비용만 치르게 된다는 현실을 직시해야 한다. 왜냐하면, 농산물 무역의 자유화는 지금 어느 나라도 거스를 수 없는 세계적 대세이기 때문이다. 물론 이러한 대세가 농산물 교역이 완전 자유화되는 세상으로까지 이어질지는 의문이다. 그러나 20세기 100여 년에 걸친 보호주의의 실험 끝에 농산물 무역도 자유화가 불가피하다는 합의에 도달한 지 이제 10여 년이 지났을 뿐이다. 따라서 앞으로 상당 기간 농산물 무역의 자유화는 세계적 대세가 될 수밖에 없다. 또한 세계화는 국제적 대세임과 동시에 국내적으로도 거스를 수 없는 대세가 되었다. 무역에 의해 국부를 창출하였고, 앞으로 자유무역을 통해 선진국에 진입한다는 '선진통상국가' 비전이 국가의 생존전략이 되었기 때문이다.

결국 DDA는 큰 폭의 관세감축에 합의할 것이고, 거대 경제권과의 FTA도 체결될 것임에 틀림없다고 생각한다. 이러한 현실을 외면하려 해도 그것은 사라지지 않는다. 따라서 이 현실을 인정하고 이를 수용하기 위한 조건과 새로운 농업의 비전을 제시해야 한다. 그 조건과 비전에 관해 정부와 논의하고 다툼해야 실익이 있고 일반국민의 이해와 지지도 받을 수 있다.

한편, 정부는 경쟁력 있는 농산물과 농업인을 선택적으로 지원하면 빠른 시간에 구조조정을 이루어 농정의 문제를 해결할 수 있다는 착각에서 벗어나, 대다수 농업인은 농사 이외에 다른 선택이 없고, 그래서 강인하게 농업에 천착할 수밖에 없는 현실을 직시해야 한다. 무역자유화의 최대 이해당사자는 농업인이며 그래서 그들이 이에 저항하는 것은 자연스런 선택이므로 농업인의 이해와 동의 없이 자유화 정책을 추진하는 것은 너무나 많은 사회적 비용을 동반하게 될 것임을 알아야 한다.

이 같은 무역자유화의 필연과 농업인의 현실을 조화시키려면 '구조조정을 파는 농정'에서 '농가소득 안정을 파는 농정'으로 바뀌어야 한다. 쌀 농업에 도입된 소득보전제도에 비록 문제점이 있지만 앞으로 보전작목, 보전대상, 보전방법, 보전수준에 관해 충분히 논의하여 적정한 소득안정 기반 위에서 지역 간 · 농가 간 경쟁을 통해 서서히 구조조정이 이루어지도록 해야 한다. 물론 쌀 등 몇 가지 매우 민감한 농산물에 대해서는 WTO와 FTA에서 예외적 조치를 반드시 인정받아야 하고, 그것은 충분히 가능한 일이라고 생각한다.

한편, 이제 농업과 농촌은 '건강을 파는 산업', '시간을 파는 산업'으로 탈바꿈해 나가야 한다. 건강을 지키면서 즐겁게 시간을 보내는 것이 삶의 질을 결정하는 가장 중요한 요소가 되어, 건강과 시간을 파는 산업이 첨단산업 못지않은 고부가가치 산업이 될 것이기 때문이다.

우리 농업이 건강한 식생활을 보장하는 산업으로 소비자의 확실한 신뢰를 받을 수 있다면 수입농산물은 물론 의료 · 건강용품 산업과 경쟁하는 산업이 될지도 모른다. 이를 위해서는 생산 · 수확 후 처리 · 유통시스템이 획기적으로 변해야 할 것이다. 또한 우리 농촌이 도시민이 즐겁게 찾아오는 공간이 된다면 레저 · 스포츠산업과 경쟁하는 고부가가치 산업이 될 수도 있을 것이다. 따라서 모든 정책은 농촌을 아름답고 쾌적하게 가꾸는 데 초점을 맞추도록 개혁되어야 한다.

새해부터 농업인은 쟁점을 바꾸고 정부는 관점을 바꾸자. 그래야 비용을 적게 치르면서 모두가 실익을 얻을 수 있을 것이다.

농업문제의 심연: 뜨거운 가슴, 냉철한 머리

부진한 농업의 세대교체

서울경제(2003. 7. 30)

얼마 전 농민들이 한 · 칠레 FTA를 반대하며 고속도로를 점거하는 시위를 벌였다. "농업에 많은 돈을 퍼부었는데 왜 이렇게 말썽인가" 하며 짜증을 내는 사람들이 많이 있었으리라 생각한다. 그러면서 농정이 엉망이기 때문이라고도 하고, 농민들의 도덕적 해이 때문이라고도 했으리라.

나는 오늘 우리가 직면하고 있는 농업의 문제는 경제발전과정에서 나타나는 필연적 현상이라는 이해가 필요하다는 점을 이야기하려고 한다. "또 무슨 변명을 하려고 하느냐"며 고개를 돌리려는 사람이 있을지 모르나, 농정과 농민들의 잘못이 없다는 것이 아니니 조금 인내심을 갖고 읽어 주기 바란다.

어느 나라에서나 경제가 발전할수록 전통적 농산물에 대한 수요가 정체하거나 감소한다는 것은 잘 알려진 사실이라고 생각한다. 반면, 일단 농사짓기 시작한 사람이 나이 들어 도시에 나가 새로운 직업을 가진다는 것은 아주 힘든 일이다. 나라에 따라 다소 차이는 있으나 40세가 넘은 농민이 성공적으로 새로운 직업을 갖는 경우는 1년에 100명 중 한두 명이 안 된다. 그렇기 때문에 농업・비농업 사이에 생산성 격차와 소득격차가 벌어질 수밖에 없다는 것이 세계 선진국들의 경제발전과정에서 나타난 경험법칙이었다.

선진국들은 고령농민들이 서서히 은퇴 또는 탈농하는 세대교체과정을 촉진시켜 농가와 비농가 사이의 소득격차를 해소하려고 하였다. 그런 과정에 짧게는 100년, 길게는 200년이 걸렸다. 그 기간 선진국들은 농산물에 대한 가격지지정책을 통하여 농가와 비농가 사이의 소득격차를 완화시켜 온 것이 지난 100년간의 일관된 정책이었다.

그런데 우리 나라는 다른 선진국들과 큰 차이를 가지고 있고, 그것이 우리를 더욱 어렵게 하고 있다. 경제발전 속도가 선진국들에 비하여 6~7배 빠르게 진행되었기 때문에 세대교체과정을 통한 구조조정이 어려웠고, 그만큼 농가와 비농가 사이에 소득격차가 확대될 수밖에 없었다. 그러나 WTO체제 아래에서 소득격차를 해소하기 위하여 선진국들이 애용해 온 가격보조정책을 활용하는 데 기본적인 제약이 있다. 그런 의미에서 우리는 세계 어느 나라도 경험하지 못한 도전과 시련을 맞고 있다고 생각한다.

농산물 시장개방문제가 일견 하나의 '산업의 문제'인 것으로 보이지만, 40여 년도 더 전인 1960년 이전 국민소득이 100달러가 안 되고 대부분의 사람들이 기아로부터의 해방을 갈구하던 시기에 농사짓기를 시작해 이제 60세를 넘긴 사람들, 그들이 우리 나라 농업인의 6할을 차지하고 있다는 현실을 이해하고 농업문제를 '사람의 문제'로 바라보자.

농업투자, 소비자 이득

서울경제(2003. 8. 6)

이런저런 자리에서 농업이야기가 나오면 종종 "농업에 40조 원인가, 50조 원인가 굉장히 많은 돈을 투자한 것으로 아는데 도대체 무슨 효과가 있었지? 농업문제는 늘 그 모양이고" 한걸음 더 나가면 "밑 빠진 독에 물 붓기였지 뭐" 하는 이야기를 듣는다. 정부 내에서 농정을 논의할 때도 농업투자 낭비론이 항상 큰 걸림돌이 되고는 한다. 정말 그 동안의 농업투자는 "밑 빠진 독에 물 붓는 격"이었을까? 지난 10여 년 이상 동안 이루어진 농업투자가 정말 낭비된 것일까?

그 동안 농업 투·융자가 늘어나 1990년대 고정자본의 증가속도는 연평균 9%를 상회하였다. 거의 모든 논이 가뭄을 모르게 되었고, 가는 곳마다 과수원이 늘어섰다. 10년 전에 비해 농산물 생산과 유통과정은 몰라보게 기계화·시설화되었다. 이런 자본형성 덕분에 농업발전의 잠재력이 훌쩍 커졌을 뿐만 아니라 이미 농업부문 성장률이 놀랄 만큼 높아졌다. 1980년대 후반에는 농업부문 성장률이 연평균 -0.9%를 나타냈으나 1990년대 후반에는 연평균 3.6%로 높아지지 않았는가.

이와 같은 농업성장에 힘입어 농산물 공급은 늘어나고 다양하고 풍부해졌으며, 산업화가 시작된 이래 줄곧 상승하기만 했던 농산물 가격이 1990년대 중반부터 처음으로 하락하기 시작하였다. 채소가격은 16%나 하락했고, 과일가격은 무려 51%나 하락해 전체 농산물 가격이 8% 하락하였다. 이 같은 가격하락으로 늘어나기만 하던 농산물의 국내외 가격차가 축소되는 계기가 마련되고 농산물 공급이 싸고 풍부해진 만큼 소비자는 좋아졌다. 그런데 농가 호당 농업소득은 16%나 감소하고 부채상환이 어려운 농가가 속출하는 '뜻하지 않은' 결과를 가져왔다. 그러나 이것은 뜻하지 않은 결과가 아니다. 경쟁력 향상이란 국내가격의 하락을 통해서 실현되는 것이고, 그 결과 농가의 생산규모가 늘어나지 않는 한 소득이 줄어든다는 것은 이미 '예정된 결과'임을 대부분 잊고 있었을 뿐이다.

아무튼 농업은 성장하는 가운데 농업소득은 하락하는 '성장과 소득의 괴리'현상이 나타났고 농업투자의 이득이 대부분 소비자 이득으로 귀속되는 결과를 초래하였다. 물론 농산물 수입이 증가한 것도 가격하락의 중요한 요인이지만 국내농산물 공급 증가가 큰 요인이었음은 틀림없다.

선진국들도 농업투자가 이루어지고 그 결과 농산물 가격이 하락하여 국내외 가격 차이는 축소되지만 농가소득이 줄어드는 아픈 과정을 거쳐 경쟁력이 향상되었다. 좀더 인내심을 가지고 농업을 찬찬히 들여다보아야 이 아픔이 보이고 진실이 보인다.

바다는 흐른다

서울경제(2003. 7. 30)

지난 IMF 위기 이후 경제문제를 이야기할 때마다 구조조정 이야기가 나온다. 구조조정 이야기를 하다 보면 "농업도 경쟁력을 가지려면 구조조정을 해야 하는 것 아니냐. 농업은 옛날이나 지금이나 달라진 것이 없다"라고 답답하다는 투로 나에게 물어오는 경우가 많다. 농업은 구조조정이 이루어지지 않고 있는가? 그것은 오해다.

바람 잔잔한 날 바다를 보면 고요하지만 그 속에서 해류는 도도히 흐른다. 해수욕을 즐기는 사람들이 가득하던 경포대 앞바다에도 지난 주부터 한류가 밀려와 수온이 급격히 떨어져 날씨가 아무리 더워도 물 속에 들어가기 힘들게 되었다. 그것을 보고 바다는 끊임없이 흐른다는 것을 느낀다. 계곡과 같이 소란스럽지 않아 움직이지 않는 것처럼 보일 뿐이다. 농업도 변하지 않는 것처럼 보이지만 경쟁력 있는 농가로 생산이 집중되는 구조조정이 놀랄 만큼 진행되고 있다.

농가의 평균 경작면적을 보면 지금도 1.4ha(4,100평)밖에 안 된다. 지난 20여 년 동안 500여 평밖에 늘어나지 않아 정말 변하지 않는 것처럼 보인다. 그러나 그 내면을 들여다보자.

최근 통계에 의하면 경작규모 3ha 이상인 대농의 숫자가 6%밖에 안 되지만 총경지의 26%를 차지하고 있다. 10년 전에는 10%였으니 생산집중이 3배 가까이 늘어났다. 쌀의 경우 경작규모 2ha 이상인 농가 8%가 총면적의 32%를 차지한다. 시설채소농가는 2,000평 이상 경영하는 상층농가 10%가 전체 생산의 47%를 생산하고 있고, 한우도 20두 이상 키우는 농가 6%가 총생산의 50%를 차지하고 있다.

이렇게 구조조정과 생산집중이 진행될수록 그만큼 영세농의 소득기회는 줄어들 수밖에 없다. 0.5ha 이하의 영세농가가 34%를 차지하지만 생산비중은 8%밖에 안 되고 최근 7년 사이에 소득이 38%나 감소하였다. 그 결과 최상 · 하위계층 농가 간의 소득격차가 7.1배로 늘어나 도시가구의 5.4배를 훨씬 상회하고 있다.

요컨대, 농업부문의 안을 들여다보면 구조조정이 괄목할 만큼 진행되는 가운데 소득문제가 영세농에 집중적으로 나타나고 있다. 경쟁력 없는 기업은 퇴출되고 거기에 고용되었던 사람들은 경쟁력 있는 기업으로 이동하는데 이것이 비농업부문의 구조조정과정이다. 그러나 소득기회를 잃은 중 · 고령 농민은 갈 곳이 없고 영세농으로 퇴적되는데 이것이 지금의 농업문제이다.

뜨거운 가슴, 냉철한 머리

서울경제(2003. 8. 20)

서울에서 싱가포르를 거쳐 23시간 만에 도착한 남아프리카공화국의 남쪽 해안 도시 더번은 이제 막 봄을 맞이하고 있다.

이렇게 먼 곳까지 온 것은 이 곳에서 열리는 세계농업경제학회와 농업경제연구기관장 회의에 참석하기 위해서이다. 이번 회의는 "사회에 대한 농업의 역할 재정립(Reshaping Agriculture's Contribution to Society)" 이란 주제로 열리고 있는데 세계 각 곳에서 700여 명의 농업경제학자가 모였다. 오늘 첫째 발표자가 인용한 미국의 농업경제학자 슐츠의 노벨경제학상 수상 연설문이 인상적이었다.

"세계 인구의 대부분은 가난하며 따라서 우리가 빈곤을 안다면 경제학이 고민하는 문제의 많은 부분을 알았다고 할 수 있을 것이다. 가난한 사람들의 대부분은 농민들이기 때문에 우리가 농업경제학을 알게 되면 경제학의 많은 부분을 알게 될 것이다."

물론 선진국이나 우리 나라 국민의 대부분이 가난하지 않다. 그러나 농민들의 소득이 더 낮고 열악한 삶을 사는 것은 선진국이나 우리 나라나 마찬가지이고, 그런 의미에서 슐츠의 연설문은 나에게 호소력 있게 다가왔다. 세계 농산물 가격은 하락하고 농민들의 소득 문제가 어려워지는 것이 지금도 세계 모든 나라들의 공통된 고민거리이다. 경제학자들이 시장개방의 필요성과 당위성을 이야기하기 전에 이 문제에 좀더 관심을 가져야 하는 것 아닐까.

농민들은 언제까지 시장개방에 반대하며 교통을 마비시켜 국민을 불편하게 하고, 경제학자는 언제까지 시장개방의 불가피성만을 외치고 있을 것인가. 경제학자들은 미국과 유럽의 모든 나라들이 옛날부터 그리고 지금도 또 앞으로도 왜 농가의 소득지지제도에 많은 재정을 투입하려고 하고 있는지, 미국과 호주 사이의 FTA가 왜 몇 가지 농산물 때문에 교착상태에 빠져 있는지, 호주와 브라질 사이에서조차 농산물 교역이 왜 분쟁의 대상이 되고 있는지 관심을 가져야 한다. 농민들은 FTA를 거부하면 농업이 잘 될 것인지, 농가의 삶이 나아질 것인지, 정말 대안은 무엇인지 진지하게 생각해 보아야 한다.

그런 과정을 거쳐 경제학자는 농가가 가지고 있는 미래에 대한 불안감을 줄여줄 수 있는 시책을 찾아야 한다. 농가는 국토를 아름답고 깨끗하게 보전하여 소비자들이 안심하고 소비할 수 있는 품질 좋고 안전성 높은 농산물을 생산함으로써 납세자들이 농업을 위한 재정부담을 기꺼이 수용하게 할 방안을 찾아야 한다.

근대경제학의 문을 연 마샬이 "경제학자는 뜨거운 가슴으로 현실을 보고 냉철한 머리로 문제를 생각해야 한다"라고 한 이야기를 오늘 지구의 반대편에서 다시 생각해 본다.

10년 후 모습

서울경제(2003. 8. 27)

지난 주 신문을 보면 거의 모두가 일제히 올해는 농사가 순조롭지 못해 추석상을 차리는 데 예년보다 돈이 많이 들 것이라는 기사를 싣고 있다. 농업이 먼 세상사가 아니라 바로 우리 일상생활의 한 부분임을 새삼 느끼게 된다. 그래서 10년 후 한국 농업은 어떻게 변할까 하는 궁금증은 우리 모두의 관심사가 아닐 수 없다. 오늘 아침에는 희망을 실어 10년 후 우리 나라 농업의 모습을 그려보자.

앞으로 시장개방은 더욱 빠르게 진행되고 시장에 나가면 더 다양하고 풍부해진 농산물을 더 값싸게 살 수 있게 되어 소비자들을 즐겁게 할 것이다. 정부의 확실한 최저소득 보장 아래 농가들은 지금까지 가졌던 미래에 대한 불안감을 덜고 서로 치열하게 경쟁하면서도 똘똘 뭉쳐 외국 농산물에 맞서 나가게 될 것이다.

작목반, 품목별 조합과 연합회 등 생산자 조직이 발전하여 재배법의 표준화, 공동선별과 공동출하, 공동계산 시스템이 빠르게 확산되고 대형 소매점과의 직거래가 주류를 이루게 될 것이다. 반면, 일부 농가와 지역은 도·농교류를 중심으로 부가가치를 높여 소득을 증대해 나가게 될 것이다. 생산자 조직과 지역의 리더, 전문가가 탁월한 능력을 가지고 판매전략을 수립하며, 농가는 그러한 리더십 아래 충실히 협력하고 성실히 생산활동에 전념하게 될 것이다.

식품의 질과 안전성에 대한 소비자의 관심과 요구가 매우 높아지고, 이러한 요구를 충족시킬 수 있는 품질과 안전성이 보장되는 농산물을 공급함으로써 소득기회를 확대해 나가게 될 것이다.

저투입 농산물이 일반화되고 유전공학 등 첨단 과학기술을 활용한 IPNM(병해충 및 양분 종합관리)농법이 주류를 이루게 될 것이다. '농산물은 수입할 수 있어도 환경은 수입할 수 없다'는 인식이 확산되어 지역별로 자연의 자정능력을 고려한 사육규모와 사육방식이 설정되고, 오염자부담 원칙이 확립되어 환경부하가 축적되지 않을 것이다. 따라서 경종농가와 축산농가가 자원순환 시스템을 확립하는 지역만이 축산뿐만 아니라 경종농업이 경쟁력을 갖게 될 것이다.

이것은 허망한 꿈이 아니다. 꿈을 이루기 위해 우리 농민들에게 필요한 것은 현실을 외면하거나 부정하지 않고 이를 직시하는 용기, 문제를 해결할 수 있다는 확신, 그리고 논의를 통해 우리의 꿈을 국민에게 이해시키는 진솔한 노력이라는 생각이 든다.

농업문제의 심연: 뜨거운 가슴, 냉철한 머리

한국 농업의 숙제 바로보기

한겨레21(2003. 9)

야심적 목표를 가지고 시작되었던 세계무역기구 제5차 각료회의는 결국 최종합의에 이르지 못한 채 끝났다. 그러나 이번 협상은 세계무역협상에 새로운 이정표로 기억될 것 같다.

지난번 UR에서는 미국과 EU가 비밀협상을 통해 합의안을 도출한 후 두 거인이 협상을 주도하고 나머지 국가들이 따라가는 형식으로 진행되었다. 이번에도 회의 개시 직전 미국과 EU가 전격적으로 합의안을 발표하고 이를 기초로 의장 초안이 마련되어 다시금 양대 세력의 주도로 합의가 이루어질 것으로 예상되었다. 그러나 개도국그룹의 강력한 저항에 부딪쳐 결국 합의에 실패함으로써 앞으로 세계무역질서 논의가 미국, EU 그리고 개도국그룹의 삼극체제로 진행될 것임을 예고하였다.

각료회의의 결렬은 우리 농업에 두 가지 중요한 시사점을 준다. 첫째는 관세나 보조금 감축의 구체적인 방식, 곧 세부 원칙(modalities)이

제시되지 않은 채 내년에 쌀 협상을 해야 한다는 점이다. 이에 따라 쌀 협상은 아무런 지침이 없는 상황에서 주요 무역상대국과의 양자 협상에 전적으로 의존할 수밖에 없게 되었다. 무역상대국이나 우리나 양자 모두 관세화 유예의 대가로 얼마를 요구하고 얼마나 내주어야 할지 판단할 수 없는 상황에서 합의를 도출해야 하므로 더욱 더 치밀한 준비와 결단이 필요하게 되었다.

둘째는 이번에 합의에 실패하였지만 각료회의는 WTO 일반이사회와 사무국이 긴밀히 협조하여 올해 12월 15일 안에 고위급 일반이사회를 소집할 것을 요구하고, 당초의 기한 내에 성공적인 타결이 이루어지는데 필요한 조치를 강구하도록 위임하였다. 따라서 농업협상이 WTO 일반이사회 산하의 농업위원회로 다시 부쳐져 논의될 것이므로 협상준비에 더욱 박차를 가해야 함은 물론 국내대책 수립에 조금도 흔들림이 있어서는 안 된다는 것이다.

왜냐하면, 칸쿤회의는 끝났지만 시장개방의 시계는 지금도 째깍째깍 움직이고 있기 때문이다. 이제 이 시간을 활용하여 정부는 개도국 지위 유지에 더욱 노력하고, 급격한 농산물 가격하락으로 인한 농가경제의 충격을 흡수할 수 있는 새로운 안전장치를 마련하는 일을 서둘러야 한다.

이 두 가지는 모두 국민적 이해와 협력 없이는 이루어지기 어려운데 이에 대한 비농업계의 반응은 매우 싸늘하고 이것이 농민들을 더욱 막다른 심정으로 몰아가고 있다고 생각한다. 여기서 농민들의 호소에 귀를 기울여 보자.

산업화가 시작된 이래 계속 상승하기만 하던 농산물 가격이 1990년대 중반부터 떨어지기 시작하여, 우리 나라 농가의 3분의 1을 차지하는 경영규모 0.5ha 이하의 영세농가는 놀랍게도 이 기간에 소득이 명목으로 14%나 감소하였고, 규모를 확대하거나 시설투자를 많이 한 농가는 부채부담에 쩔쩔매고 있다. 그런데 앞으로 시장개방이 더 빨라진다니 농산물 가격이 얼마나 더 떨어질지 불안하기 짝이 없고, 이렇게 불안한 상황에서는 시장개방이 시대적 대세라는 것을 모르는 바는 아니나 일단 결사적으로 반대할 수밖에 없다. 이것이 농민들의 솔직한 심정이라고 생각한다.

그러나 농산물 협상을 농민들만의 이해관계가 걸린 문제로 이해해서는 결코 안 된다. 앞으로 협상결과에 따라 다르지만 당초 협상초안대로 우리 나라가 선진국 조건으로 농산물 시장을 개방한다면 농업부문 총소득이 15조 원에서 9조 원 수준으로 감소할 가능성이 높다. 그 때 농업취업자가 현재 수준의 소득을 유지하려면 자연감소와 전직을 고려하더라도 기존 농업취업자 중 최소한 25~50만 명이 일자리를 잃는 결과가 될 것으로 추정된다. 현재 실업자가 70여만 명임을 생각하면 상황은 심각한 것임을 알 수 있다.

이들에게 새로운 일자리를 만들어 주는 것도 어렵지만 농민 대부분이 50대를 넘었으므로 도시로 나가 새로운 일자리를 갖기에는 너무 늦었다. 만약 복지정책으로 이 문제를 풀려면 연간 수조 원이 소요될 것이다. 그렇기 때문에 농산물 시장개방문제는 단순히 농민들만의 문제가 아니라 중요한 국민경제문제이며 납세자의 문제라고 하지 않을 수 없다.

UR 이후 10년이 지났는데 아직도 개방준비를 못한 것을 도덕적 해이로 보는 시각도 적지 않다. 그러나 왜 GATT체제 시절 반세기 가까이 농산물은 무역자유화 논의에서 예외로 취급되었고, UR 이후 10년이 지난 지금도 이른바 선진국들이 관세와 보조금의 '철폐'를 포기하고 2010년까지의 '점진적' 감축 폭을 논의하는데 머물 수밖에 없었는가에 주목해야 한다. 그뿐만 아니라 미국, EU 모두 오랫동안 중요 품목에 대한 가격 및 목표소득지지제도를 운용하여 왔고, 이번 협상에서 개도국들의 아우성을 뿌리치고 이 제도를 유지하는데 필사적 노력을 기울였는지를 새겨 보아야 한다.

그것은 농업생산이 감소하면 그만큼 농업취업자가 줄어야 하는데 어느 나라에서나 농업취업자가 단기간에 대량 감소한다는 것은 대단히 어려우므로 농업구조조정이 세대교체과정을 거쳐 서서히 진행될 수밖에 없다는 것을 모든 나라가 이해하고 있기 때문이라고 생각한다. 100여 년 전부터 산업화가 진행되어 여러 차례 세대교체과정을 거쳐 농업구조조정을 이룩하여 온 나라들조차 농업생산의 급격한 위축을 감당하는 것이 어렵다면, 산업화가 시작된 지 이제 40년밖에 안 된 한국 농업이 첫 번째 세대교체과정을 기다리기 위해 선진국보다 긴 조정기간이 필요하고, 선진국들이 오랫동안 사용해 왔고 앞으로도 사용할 목표소득지지제도를 도입해야 한다는 것은 결코 무리한 주장이 아니라고 생각한다.

많은 사람이 UR 이후 10년간 한국 농업은 재정만 낭비하고 변화되지 않았다고 생각하고 있고 이러한 인식이 농업문제 해결을 더욱 어렵게 하고 있다. 그러나 안을 들여다보면 이미 많이 바뀌었고 급격하게 변화하고 있다.

그 동안 농업 투 · 융자가 늘어나 10년 전에 비해 농산물 생산과 유통과정은 몰라보게 기계화 · 시설화되었다. 이런 자본형성 덕분에 1980년대 후반에는 농업부문 성장률이 연평균 -0.9%를 나타냈으나 1990년대 후반에는 연평균 3.6%로 높아졌다.

이와 같은 농업성장에 힘입어 농산물 공급은 늘어나고 다양하고 풍부해졌으며, 농산물 가격은 8% 하락하였다. 이 같은 가격하락으로 늘어나기만 하던 농산물의 국내외 가격차가 축소되는 계기가 마련되고, 농산물 공급이 싸고 풍부해진 만큼 소비자는 좋아졌다. 그런데 농가 호당 농업소득은 감소하고 부채상환이 어려운 농가가 속출하는 '뜻하지 않은' 결과를 가져왔는데 이것은 뜻하지 않은 결과가 아니다. 경쟁력 향상이란 국내가격의 하락을 통해서 실현되는 것이고, 그 결과 농가의 생산규모가 늘어나지 않는 한 소득이 줄어든다는 것은 이미 '예정된 결과' 임을 대부분 잊고 있었을 뿐이다.

농업이 영세농 구조에서 전혀 변하지 않는 것처럼 보이지만 경쟁력 있는 농가로 생산이 집중되는 구조조정이 놀랄 만큼 진행되고 있다.

최근 통계에 의하면 경작규모 3ha 이상인 대농의 수가 6%밖에 안 되지만 총경지의 26%를 차지하고 있다. 10년 전에는 10%였으니 생산집중이 3배 가까이 늘어났다. 쌀의 경우 경작규모 2ha 이상인 농가 8%가 총면적의 32%를 차지한다. 시설채소농가는 2,000평 이상 경영하는 상층농가 10%가 전체 생산의 47%를 생산하고 있고, 한우의 경우에도 20두 이상 키우는 농가 6%가 총생산의 50%를 차지하고 있다.

이상과 같은 농가경제 현실과 농민의 심정 그리고 농업변화에 대한 객관적 사실, 선진국 경험이 말해 주는 농업문제의 숙명에 대해 모두가 선입견을 버리고 깊이 진지하게 생각해 보자.

농업구조조정과 정부 역할

농민신문(2003. 12. 29)

농업문제가 거론될 때마다 모든 언론은 이제 농업도 정부의 보호에 의존하려고 하지 말고 과감한 구조조정을 통해 경쟁력 있는 사람, 경쟁력 있는 품목 중심의 산업으로 탈바꿈하여야 한다고 말한다. 이른바 '구조조정론'이다. 농업계 내에서도 많은 사람이 유능한 인재를 육성하고 경쟁력 있는 품목을 선택해 지원하면 우리 농업도 네덜란드와 같이 수출산업이 될 수 있다고 주장한다. 1990년대 농정도 이러한 인식 위에서 입안되고 추진되었다.

이러한 주장에 대해 또 다른 많은 사람은 우리 나라 농업은 아무리 구조조정을 하더라도 영세농 구조를 벗어날 수 없고 따라서 결코 경쟁력을 확보할 수 없다고 반박하면서 시장개방이 계속된다면 우리 나라 농업은 대부분 살아 남지 못할 것이라고 주장한다. 말하자면, '시장개방불가론' 이라고 할 수 있다.

이러한 두 가지 주장은 우리 나라 농업이 갖고 있는 문제의 본질과 현실을 올바로 인식하고 있는 것일까? 구조조정론은 우리의 농업문제를 구조조정의 문제로만 본다는 데에 문제가 있는 반면, 시장개방불가론은 구조조정의 가능성을 외면하는 극단적 입장을 견지하고 있다는 데에 문제가 있다. 이러한 지적은 앞뒤가 안 맞는 모순처럼 보일지도 모르지만 사정은 이렇다.

130만 농가 중 능력 있는 선진농가와 새로이 양성된 유능한 인력이 중심이 되어 규모를 획기적으로 확대하고 첨단기술을 도입하면 농업도 고부가가치 산업으로 변할 수 있을 것이다. 이미 대농 중심으로의 구조조정이 빠르게 진행되고 있고, 경쟁력 문제도 그렇게 비관적이지 않다. 쌀의 농가 판매가격은 한 가마에 16만 원가량 되는데 비해 미국이나 중국에서 수입된 쌀의 가격은 4만 원 정도에 불과하다. 그러나 우리 나라 벼농사의 효율성이 그렇게 낮은 것은 아니다. 쌀값은 한 가마에 16만 원 가량이지만 평균 생산비는 8만 원 정도이고 평균 경영비는 4만 3,000원 수준이다. 시장이 개방되더라도 상당한 관세가 부과되고, 생산비용이 낮은 선진농가 중심으로 대규모화된다면 수입쌀과 경쟁이 가능할 것이다. 이미 관세가 두 자릿수로 낮아진 채소나 과일, 축산물은 이미 시장개방이 이루어진 것이나 다름없다고 생각된다.

시장개방불가론은 이상과 같은 가능성을 간과하고 있는 반면, 구조조정론은 농업의 문제를 '산업의 문제'로만 보는 데 문제가 있다. 만약 농업취업자의 대다수가 쉽게 다른 직업으로 전직할 수 있다면 구조조정론의 주장은 옳지만 문제는 농업취업자가 나이가 들어 도시로 나가 새로운 일자리를 얻는 일이 매우 힘들다는 사실이다. 어느 나라에서나 40세가 넘은 중·고령 농민이 전직하는 일은 소수에 불과하다.

선진국들은 산업화가 시작된 이후 100~200년 동안 세대교체과정을 거쳐 농업취업자 비중이 2% 이하로 줄었다. 그런 선진국들도 아직 가격지지와 소득보전 없이 시장개방에 견딜 만큼의 구조조정에 이르지 못하였다. 하물며 이제 산업화가 시작된 지 40여 년밖에 안 된 한국에서 구조조정 중심으로 농업의 문제를 해결하겠다는 것은 너무 조급하다. 현재 40세가 넘은 농민이 94%이고, 60세 이상인 농업인이 전체 농업인의 절반을 차지하고 있기 때문이다. 이들은 비록 규모는 작지만 농사를 지어 소득을 얻고 있고, 농산물 가격이 떨어지면 소득이 줄어들지만 그래도 거기에 매달릴 수밖에 없는 사람들이다. 구조조정론은 농업문제가 '산업의 문제'이기에 앞서 '사람의 문제'이고 '시간과의 싸움'임을 간과하고 있다.

시장개방은 진전되고 우리 나라 농업은 시장의 힘에 의해 유능한 선진농가와 대규모 농가 중심으로 재편될 것이다. 지금 60세 이상인 경영주의 65%는 10년 안에 자연은퇴해 선진농가로의 생산집중을 촉진하게 될 것이며, 우리 농업은 앞으로 동북아시아 시대를 맞아 이 지역의 고소득계층 5%를 수요기반으로 하는 수출산업이 될 수도 있을 것이다.

문제는 그 과정에서 시장개방의 충격이 집중적으로 나타날 몇 개의 고관세 품목, 그러나 우리 농업의 대부분을 차지하는 품목으로부터의 소득감소가 완만하게 진행되도록 어떻게 조정할 것인가, 농가들이 스스로의 노력으로 규모확대, 품질 고급화, 작목전환, 그리고 은퇴 또는 전직할 수 있도록 장벽을 제거하고 시간을 벌어 줄 것인가이다. 이것은 정부의 몫이고 우리가 풀어야 할 가장 큰 숙제이다.

농업구조개편에 대한 오해

농민신문(2004. 7. 21)

경영규모를 확대하면 과연 생산의 효율성이 향상되고 소득이 늘어날 것인가? 해묵은 주제이지만 아직도 첨예한 쟁점이다. 이 쟁점은 규모를 기준으로 농가를 선택적으로 지원, 규모화를 촉진하는 것이 바람직한 정책인지에 대한 논란으로 이어지고 있다. 그 바탕에는 규모별 생산비와 소득의 차이, 그리고 그것이 가지는 정책적 의미에 대한 착각과 오해가 도사리고 있다고 생각한다.

쌀 생산비 조사결과에 의하면 생산비는 경작면적 5ha 이상인 농가가 0.5ha 이하 농가보다 14%나 낮고 10a당 순수익은 27% 높다. 반면, 경영비는 5ha 이상 농가가 0.5ha 이하 농가보다 22% 도리어 높다.

왜 이 같은 모순이 나타나는가? 생산비에는 실제로 지불한 비용뿐 아니라 자가노동과 자기 토지에 대한 평가비용 등이 포함되지만 경영비에는 포함되지 않는다는 사실과 농가 임차지 비율이 0.5ha

미만 농가는 29%에 불과한 반면, 5ha 이상 농가의 경우 72%에 이른다는 사실을 상기하면 이 현상은 더 이상 모순이 아니다. 즉, 대농일수록 임차지 의존도가 높아 임차료 비중이 크기 때문이다. 따라서 조수입에서 경영비를 뺀 10a당 소득은 5ha 이상 대농이 0.5ha 이하 계층보다 10% 정도 낮다.

그러나 단위면적당 소득이 낮다는 것이 대농의 경쟁력이 낮다는 것을 의미하는 것은 결코 아니다. 대농일수록 생산비가 낮아 임차료로 지불할 수 있는 한계는 그만큼 높다. 실제로 5ha 이상 농가의 임차료 부담가능수준은 0.5ha 이하 농가에 비해 24%나 높다.

대농은 이 같은 경쟁력에 기초해 지난 10년간 임차지를 중심으로 경지를 늘려 왔다. 1990년에는 3ha 이상인 농가의 가구수 비중이 1.2%, 면적 비중이 6.2%였으나, 2000년에는 각각 3.8%, 20%로 늘어나 대농집중도가 3배나 높아졌다. 그뿐만 아니라 임차지의 10a당 소득이 50만 원 수준이므로 임차를 해서라도 규모를 확대하는 것이 농가의 소득을 늘리는 유용한 수단이 된다.

여기서 중요한 것은 규모효과가 있다는 것이 곧 규모에 따라 농가를 선택적으로 지원해야 한다는 뜻은 아니라는 점이다. 왜냐하면, 첫째 규모효과가 있다고 해서 모든 대농이 소농보다 효율성이 높음을 의미하는 것은 아니다. 규모가 작으면서도 효율성이 높은 농가가 있고, 현재는 영세소농이지만 언젠가 대농이 될 능력이 있는 농가도 많다. 실제로 3ha 이상 농가 중 연간 7%는 규모를 축소하고, 1ha 규모 농가 중 연 9%는 규모를 확대하고 있다. 이것은 특정 시점의 규모를 기준으로 한 지원대상의 선택이 오류를 범할 수 있음을 의미한다.

둘째, 현재 영세자작농의 10a당 소득은 76만 원 수준이고, 쌀값이 50% 하락해도 29만 원 정도의 소득을 얻을 수 있을 것으로 추정된다. 즉, 영세농을 지원대상에서 제외하더라도 그들이 논농사를 쉽게 포기하지 않을 것이다.

셋째, 0.5ha 이하 농가계층이 경작하는 면적비율이 13%밖에 안 되므로 이들의 존재가 우리 나라 쌀 농업의 효율성과 경쟁력에 결정적 영향을 미치지는 않는다. 그렇지만 이들 농가수 비중이 42%나 되기 때문에 차별적 지원에 대해 강력한 저항을 불러일으켜 농정 추진 전반에 불신과 부작용을 나타낼 우려가 있다.

요컨대, 규모를 기준으로 차별적 지원을 하기보다는 경쟁력 있는 농가가 시장경쟁을 통해 경지를 집적하도록 하는 것이 합리적이다. 정부가 구조개선정책의 목표로 표방하는 '6ha 규모 농가 7만 가구'는 정책 목표라기보다는 농가 간의 경쟁을 통해 도달될 것으로 전망되는 미래의 모습으로 이해해야 할 것이다. 구조개선 촉진정책은 영농을 할 때 받았던 직접지불수준과 같거나 그보다 더 많은 지원금을 이 · 탈농하는 농가에 지급해 이농과 탈농에 따른 손실을 보상하는 방식을 채택하는 것이 효과적일 것이다.

농업문제의 심연을 보아야 희망을 본다

국민일보(2005. 1. 3)

다른 선진국이 산업혁명으로부터 100년 이상 걸려 이룩한 1만 달러 소득을 한국은 불과 40여 년 사이에 달성하였고, 프랑스 혁명 이후 긴 세월을 거쳐 이룩한 민주화도 겨우 수십 년 사이에 이룩하였다. 지금 살고 있는 많은 세대는 제대로 먹지도 못하는 혹독한 가난을 목격하면서 성장하였으나 이제 다이어트 열풍의 한가운데 살고 있다. 누군가 해외에 나가면 가문의 영광으로 알던 시대를 살았으나 지금은 해외여행 홍수 속에 살고 있다. 북한 공산당이라는 말만 들어도 겁이 덜컥 나 주변을 살피던 시절을 살았으나 지금은 가엾은 이 이웃을 어떻게 도울 것인가를 논하는 시대에 와 있다.

다른 선진국에서는 여러 번의 세대교체과정을 거치면서 이루어졌던 변화가 한국에서는 대부분 당대에 이루어지고 있는 것이다. 놀랄 만한 압축과정이다. 그만큼 가치의 혼란과 갈등이 심할 수밖에 없으므로 어디를 가도 노사, 지역, 계층, 세대 사이의 갈등에 직면한다. 변화가 압축적으로 이루어진 만큼 불균형과 갈등도 압축적으로 나타나고 있는 것이다. 따라서 현재 진행되고 있는 많은 경제적 · 사회적 · 정치적 파행을 이 같은 압축적 변화의 산물로 인식하고 어루만져 풀어가는 지혜가 필요하다. 그런 지혜가 발휘된다면 혼란과 갈등도 압축적으로 해결해 나갈 수 있으리라 생각한다. 농업 · 농촌문제도 예외가 아니다.

농업에 많은 돈을 퍼부었는데 쌀 협상결과에 반대하는 농민들의 시위로 교통은 마비되고 농업문제는 왜 늘 이렇게 말썽인가. 농정이 구조조정은 게을리하고 농민들의 도덕적 해이를 조장하였기 때문이라고 하는가 하면, 반대로 정책이 농업을 소홀히 하였기 때문이라고도 한다. 그러나 우리가 당면한 농업문제도 압축적 발전의 산물 중 하나라는 이해가 필요하다.

비농업부문의 노동시장은 농업취업자에 대해 매우 폐쇄적이어서 어느 나라에서나 기존의 농업취업자가 성공적으로 전직하는 비율은 연간 1~2%에 불과하고, 특히 40세 이상 농업취업자의 경우에는 1%에 못 미치는 것이 보통이다. 이러한 제약 아래에서 다른 선진국들은 100여 년에 걸친 세대교체과정을 거쳐 현재의 농업구조에 도달하였다. 그 긴 기간에 국경보호와 국내보조를 확대하여 농가소득문제에 대응하였다.

그런 의미에서 국경보호와 국내보조는 농업이 산업사회라는 새로운 대지에 연착륙하기 위한 패러슈트 역할을 하였다고 생각한다. 농업문제가 단순한 '산업의 문제'가 아니라 '고용의 문제'이자 '시간과의 싸움'임을 이해하였던 것이다.

한국은 세대교체과정을 통해 농업이 고용구조조정을 이룰 시간을 갖지 못하였다. 그 결과 1인당 GDP 수준은 높아졌지만 농업의 구조조정은 아직도 많은 시간을 필요로 할 수밖에 없다. 그런데 세계화의 물결은 국경보호와 국내보조정책의 활용을 엄격히 제한하려 하고 있다. 다른 선진국들이 연착륙에 활용한 패러슈트가 일거에 사라져 가고 있는 것이다. 고통과 반발을 수반할 수밖에 없다.

다행히 국민은 우리 농산물에 깊은 신뢰를 가지고 있고 농업과 농촌에 남다른 애착을 가지고 있다. 어느 믿을 만한 국민의식 조사결과에 의하면 우리 나라 국민의 78%는 어떠한 대가를 치르더라도 쌀 농업은 지켜야 한다고 생각하고 있고, 87%는 농업에 대한 보조금은 필요하다고 응답하였다. 또 품질 좋고 믿을 수 있는 농산물이라면 몇 배의 값이라도 지불할 용의가 있다고 말하였다. 이것은 압축적 변화의 산물 중 하나인 농업문제가 더 큰 갈등 없이 해결될 수 있는 중요한 조건을 갖추었음을 의미한다. 이제 남은 문제는 농업인이 과연 이 소중한 조건을 활용할 준비가 되어 있는가이다.

그런데 최근 여러 지방을 방문하고 각 지자체와 농업인들이 고뇌하는 모습을 보면서 깊은 인상을 받았다. 어떻게 소비자와 도시민의 요구에 맞는 상품과 서비스를 생산할 수 있을 것인가? 우리 지역 농업을 어떻게 바꾸어야 할 것인가? 이 같은 화두를 붙잡고 연구하고 어디든 좇아가 배우려는 열기가 곳곳에서 감지되었다. 우리 농촌에는 지금 분명히 새로운 힘이 꿈틀거리고 있다. 많은 농업인이 우리 농업과 농촌의 활로는 도로 위에 있지 않고 논과 밭 그리고 시장에 있음을 알고 있다. 이 새로운 힘이 소비자의 신뢰와 국민의 애착과 잘 어우러지면 새로운 희망을 이루어 낼 수 있을 것이다.

한국 농업의 도전과 비전

농업전망대회 개회사(2005. 1. 27)

날이 갈수록 기술변화의 속도는 빨라지고 국내외 정치 · 경제 · 사회여건은 물론 사람들의 의식과 생활방식도 빠르게 변화하고 있다. 이러한 변화를 어떻게 조기에 정확히 인식하고 대응하는가가 정책과 사업의 성패를 좌우하는 가장 중요한 요소가 되었다. 더욱이 농가경제 상황은 매년 더욱 어려워지고 있는 가운데 시장개방 논의가 연이어져 지금 농업과 농촌은 어느 때보다 미래에 대한 불안감이 높다. 그런 의미에서 농업과 농촌에 다가오는 위험과 기회를 알리는 전망정보는 우리에게 성공을 담보하는 중요한 조건의 하나라고 생각한다. 오늘의 주제를 '한국 농업의 도전과 비전'이라고 한 것은 바로 다가오는 위험과 기회(도전)의 진실을 알리고 우리가 가야 하고, 가게 될 방향(비전)을 제시하여 미래에 대한 불확실성을 줄이려는 것이다. 과연 우리 농업의 도전과 비전은 무엇인가?

첫 번째 도전은 농산물 시장개방에 획기적인 변화가 진행되고 있다는 것이다. 작년 한 · 칠레 자유무역협정이 발효되어 FTA시대가 막을 열었고, WTO 협상이 관세와 수출 및 국내보조 감축에 관한 기본 틀에 합의하여 자유무역을 지향하는 새로운 세계농업 질서 확립의 길을 열었다. 앞으로 수년 내에 아세안 10개국을 포함하여 20여 개국에 가까운 나라들과 자유무역협정이 체결될 것이다. WTO 협상은 앞으로도 선진국과 개도국 사이의 첨예한 대립으로 좌초할 것 같은 난관에 부딪힐 것이나, WTO체제의 필요성에 모두가 동의하고 있기 때문에 늦어도 2007년경까지는 관세와 국내보조를 획기적으로 감축하는 데 합의할 수밖에 없을 것이다. 이러한 변화는 매우 두려운 것이지만, 막연한 공포감에 빠지지 말고 직면하게 될 상황의 진실을 냉철하게 보는 용기와 지혜가 필요하다.

먼저, 어떠한 협상도 각 나라가 당면한 조건을 완전히 무시하고 이루어질 수는 없을 것으로 생각한다. 실제로 전 세계의 모든 FTA는 상당한 규모의 민감농산물에 대해 예외 또는 유예 등의 신축성을 부여하고 있으며, 우리가 맺은 한 · 칠레 FTA 협정은 물론 앞으로 맺을 FTA도 결코 예외가 되지는 않을 것이다. 우리 나라는 관세가 100%를 넘는 품목이 30여 개나 되지만 그 중 고추, 마늘, 양파 등 몇 개 품목과 관세화가 안 된 쌀을 제외하면 나머지 고율관세 품목의 부가가치 규모는 매우 작으므로 관세감축의 파급영향 규모가 크지 않을 것이다. 한편, 대부분의 채소, 과일, 축산물의 관세는 20~40% 수준이므로 관세철폐에 의한 수입가격 하락률은 15~30% 정도에 머물게 될 것이다. 이들 농산물은 같은 국내산도 산지나 품질에 따라 도매가격이 4~5배나 차이가 날 만큼 품질에 민감하므로 소비자의 신뢰도를 얼마나 확보하느냐가 관건이고, 관세감축은 두려워하는 것보다 큰 영향이 없을 수도 있다. 또한 현재 많은 채소, 과일, 축산물은 검역문제로 수입이 규제되고 있으므로 FTA와 관계 없이 검역협상에 따라 수입이 결정될 가능성이 높다.

이상의 사실을 고려하면 관세가 높고 부가가치 규모가 큰 농산물과 쌀에 대해 특별취급조치를 확보하고, 직접지불제 등을 통해 소득안정대책을 수립하면 농업부문의 문제는 생각하는 것보다 크지 않을 수 있을 것이다. 정부가 협상안과 국내대책을 치밀하게 준비하고 농업인은 냉철한 분석에 기초한 요구조건을 제시하여, 이해관계의 문제가 농업의 가치논쟁으로 발전하고 드디어 감정문제로 비화하지 않도록 하면 FTA문제는 충분히 극복할 수 있을 것이다.

WTO 농산물 협상에서도 민감품목에 대한 신축성을 인정하고, 생산제한조치를 조건으로 하지 않는 블루박스 형태의 국내보조도 일정 범위 내에서 새롭게 인정하게 될 것이다. 또한 우리 나라가 개도국 지위를 유지할 가능성이 반드시 낮지만은 않다고 생각한다. 따라서 앞으로의 협상 노력에 따라 우리의 비전을 실현할 수 있을 만큼의 신축성과 농업이 연착륙할 수 있을 만큼의 시간을 확보할 수 있을 것이다.

두 번째 도전은 앞으로 농촌은 도시민에게 중요한 생활 · 문화공간이 되어 그 수요는 연간 10% 이상씩 늘어날 것이라는 점이다. 아름다운 농촌경관과 그 땅에서 생산된 토산농산물은 부가가치가 높은 상품이 되고, 농촌의 아름다움을 보전하는 것은 도시민에게는 삶의 질을 높이고 농업인에게는 소득을 높여 주는 중요한 조건이 될 것이다. 이러한 변화에 따라 앞으로 농촌에는 두 가지 큰 변화가 나타나야 하고, 나타나게 될 것이다.

첫째, 현재는 누구나 기르고 싶은 만큼 가축을 기르고, 쓰고 싶은 만큼 비료를 쓰고 있다. 그 결과 우리는 지나치게 많은 비료를 투입하고 너무 많은 축산분뇨를 발생시켜 매년 우리 농토가 감당할 수 있는 수준의 2배 가까운 양분이 투입되고 있다. 이런 상태가 지속되면 우리 농촌의 하천과 바다는 오염되어 더 이상 맑은 물을 기대할 수 없게 될 것이다. 앞으로 축산과 경종농업이 유기적으로 연계된 자원순환형 농업이 일반화되고 가축의 사육규모와 분뇨의 생산이 규제될 것이며, 유기질비료를 포함한 비료의 사용이 획기적으로 감축될 것이다. 이제까지는 환경농업의 관심이 이른바 친환경농산물 생산에 집중되었으나 앞으로는 지역 내 양분균형문제로 초점이 모아지고, 친환경농산물 생산은 기본적으로 소비자의 수요에 따라 시장에서 그 종류와 가격, 규모가 결정될 것이다.

둘째, 농지정책이 과거에는 농지보존문제, 최근에는 농지가격문제에 초점을 맞추고 있으나, 앞으로는 농촌의 경관을 아름답게 유지하는 데 초점을 맞추게 될 것이다. 조그마한 농지 한 필지의 타용도 전용과 시설물 설치가 한 지역 전체의 경관을 훼손시킬 수 있으므로 필지별 전용은 엄격히 규제될 것이다. 이 과정에서 개별 농가의 이익과 지역의 이익이 충돌할 우려가 크므로 정부가 직접지불제를 통한 보상의 원칙을 확립하여 이해의 상충을 조정해야 할 것이며 이러한 목적의 재정수요가 크게 늘어날 것이다.

세 번째 도전은 소비자 시장이 대부분 대형 슈퍼 중심으로 개편되고 소비자 구매행태가 브랜드 의존형으로 변화된다는 것이다. 이에 따라 농산물의 경쟁력은 생산비보다 생산 후의 가공 · 저장 · 유통의 혁신을 통해 소비자의 요구를 얼마나 충족시켜 줄 수 있는가에 따라 결정될 것이며, 그 결과 생산 · 가공 · 저장 · 유통의 전 과정을 균일하게 관리하는 조직을 만들어 신뢰받는 브랜드를 형성하는 지역과 품목만이 살아 남게 될 것이다. 그 과정에서 지역 간 경쟁이 치열해 지고 농협은 자연스럽게 신 · 경이 분리될 수밖에 없을 것이다. 한편, 일부 생산자는 인터넷, 우편, 농촌관광과 연계하여 특정한 소비자와의 직거래를 통해 판매하게 될 것이나, 현재와 같은 개별 농가단위의 농산물 판매는 급속히 감소될 것이다.

네 번째 도전은 안전성이 식품구매의 가장 중요한 요소가 되어 가고 있다는 것이다. 따라서 앞으로 각각 독립된 기관이 충분한 인력을 가지고 식품의 안전성을 보장하는 기준을 설정하고, 그 기준이 준수되고 있는가를 엄격히 감시할 것이다. 또한 농장에서 식탁까지의 유통경로상에서 위해요인이 발견된 경우 신속하게 역추적이 이루어져 그 원천이 즉각 규명되는 시스템(traceability)이 정착될 것이다. 따라서 농산물의 생산과 가공이 표준농법(GAP)과 위생처리기준(HACCP)을 준수하지 않으면 소비자에게 외면받게 될 것이다. "우리 농산물은 절대로 안전하다"는 신뢰를 받음으로써 강력한 경쟁력을 갖게 되고 우리 농업의 존재이유를 인정받게 될 것이다.

다섯 번째 도전은 중국이다. 중국은 WTO에 가입하기 위하여 과도하게 농산물 시장을 개방한 결과 경제가 발전할수록 농촌 소득문제가 더욱 심각해져 가장 중요한 정치 · 경제문제가 될 것이다. 따라서 비교우위가 있는 농산물의 수출을 매우 중시하여 이를 방해하려는 다른 나라의 시도에 대해 강력하게 대응할 것이다. 그러나 중국도 경제성장에 따라 농산물 수요가 팽창하여 대두 등 곡물과 고급 농산물의 상당 부분을 수입에 의존하게 될 것이며, 이러한 변화를 활용하여 중국, 북한, 일본을 잇는 지역 내 농산물 분업생산체계를 구축할 수 있다면 중국은 우리 농업에 위협이지만 동시에 기회가 될 수 있을 것이다.

여섯 번째 도전은 농업취업자의 90% 이상이 40세를 넘은 중 ·

고령 인력으로 구성되어 전직이 매우 어려우므로 농업노동력과 농가호수의 감소속도가 획기적으로 빨라지기는 어려울 것이라는 점이다. 그런 가운데 농업생산은 시장의 힘에 의해 이제까지보다 더 빠르게 대농계층에 집중되고 일부에서는 기업의 진출도 이루어져, 소농과 고령농가는 숫자는 많지만 농업생산의 극히 일부만을 담당하게 될 것이다. 그 과정에서 도시가계와의 소득격차보다 농가 간의 소득격차가 훨씬 심각해져 양극화 문제가 중요한 농업문제가 될 것이며, 정부는 소농과 고령농가를 농정의 중요한 대상으로 인식하게 될 것이다.

일곱 번째 도전은 시장경제논리의 지배가 더욱 분명해진다는 것이다. 친환경농산물을 포함한 모든 농산물의 생산규모, 종류, 가격은 전적으로 시장에서 결정되고, 농업생산과 유통을 담당하는 경영체의 형태와 규모 역시 시장경쟁을 통한 선발과 탈락과정을 거쳐 결정될 것이다. 시장주도의 구조조정과 농산물 수급조정의 원칙을 왜곡하는 정책은 결국 부작용을 초래하고 실패할 것이다. 정부는 시장개방이 점진적으로 이루어지도록 협상안을 관철하되 불가피한 부분은 소득보전직불제에 의해 농가의 소득이 급격히 감소하지 않도록 하는 일을 확실하게 담당하게 될 것이다.

앞으로 10년 후까지 쌀소득보전직불제의 목표가격이 현재 수준을 유지하고 가격차별화와 수출증대, 농촌관광 등으로 2014년까지 2조 원 정도의 소득기회가 새롭게 창출된다면 농가의 상대소득수준은 현재보다 향상될 것으로 추정되며 이것은 결코 달성하기 어려운 목표가 아니라고 생각한다. 다만 부채문제가 근본적으로 해결되지 못한 채 잠복상태에 있으므로 언제든지 현안으로 부상할 것으로 예상된다. 따라서 상환가능성에 따라 퇴출 또는 과감한 회생조치를 선택적으로 적용하여 부채문제를 근본적으로 해결하는 조치가 이루어질 수밖에 없을 것이다.

끝으로 쌀 협상결과, 관세화를 10년간 유예하였으나 저율관세수입량(TRQ)을 현재의 두 배 수준인 41만 톤까지 늘리고 그 중 일부를 시장에 밥쌀용으로 판매하기로 한 것은 큰 도전이 아닐 수 없다. 이 결과에 따라 관세화시 수입량이 급증할 수도 있는 위험을 제거하면서 수입쌀을 시판하여 외국쌀에 대한 소비자의 평가를 확인할 수 있는 시간을 벌었다. 그러나 분명한 것은 아무리 늦어도 2015년에는 관세화된다는 것이다. 따라서 지금부터 국내산 쌀의 가격을 점진적으로 인하시켜 관세화시에 수입쌀 가격과 일치시키게 될 것이다. 또한 DDA 협상에서 개도국 지위를 인정받아 관세화의 유리성이 확실해지면 조기 관세화를 단행하여 의무수입량의 증가를 최소화하게 될 것이다. 이 두 가지 결정에는 많은 논란과 저항이 있을 것이나, 그렇게 하지 못하면 이번 관세화 유예결정은 한국 농업에 도리어 큰 부담을 주는 결과가 될 것이다.

여성문제 해결해야 농업에 희망있다

농민신문(2005. 11. 4)

어느 나라에서나 농업은 가족농이 주류를 이룬다. 미국 농업하면 많은 사람들이 기업농을 떠올리지만 미국도 가족농이 숫자로는 97%, 판매액으로도 86%를 차지하는 나라이다. 그래서 어느 나라 농업에서나 여성의 역할은 운명적이다.

한 여성이 농업인과 결혼한다는 것은 그녀가 가족농의 일원이 된다는 것이고, 곧 농업인이 된다는 것을 의미한다. 한 남성을 선택하는 데 머물지 아니하고 자기의 직업을 결정하는 것이다. 여성농업인 실태조사에 의하면 이렇게 운명적으로 농업인이 된 여성이 전체 농업인력의 47%를 차지하고 있고, 그들은 농사일의 절반 이상을 해내는 노동자이자, 중요한 경영관련 결정의 70~80%에 영향을 미치는 동반경영자이다. 그리고 혹시 남편이 다른 직업을 갖게 되거나 세상을 뜨면 경영을 승계하여 혼자서 책임지게 된다.

이미 전체 농가의 28% 정도는 여성이 경영을 책임지고 있고, 앞으로 여성의 경영승계가 늘어나 머지않아 그 비율이 30%를 훌쩍 뛰어넘을 것이다. 여성인력이 우리 나라 농업에 미치는 영향은 많은 사람들이 생각하는 것보다 더 크고 무겁다. 그런데 앞으로 농촌의 인력수요에 큰 변화가 나타나고 지금보다도 여성인력이 더 중요해질 것임에 틀림없다.

농작업의 대부분과 수확 후 처리 및 판매는 전문조직에 위탁하고, 농업경영은 기획과 관리가 중심이 될 것이다. 한편으로는 농업이 복합 산업화되어 수확 후 처리과정이 길고 복잡해져 각 단계별로 작업이 분업화되고 전문화될 것이다. 농촌은 도시민들에게 휴양과 체험의 공간을 제공하고, 재촌 통근자와 은퇴 생활자의 거주공간이자 문화산업과 복지산업이 입지하는 복합 생활공간이 되어 가고 있다. 이러한 변화로 농촌에 서비스 인력에 대한 수요가 크게 증가하고 다양화되어 여성인력의 경쟁력이 높아지고 수요가 더욱 늘어날 것이다.

그러나 여성의 중요성은 이상과 같은 비중과 의존도가 나타내는 것보다 훨씬 더 근본적이다. 여성이 농업인이 되고, 동반경영자가 되고, 경영을 승계하게 된다는 운명에 동의하고 참여하지 않는다면 남성농업인도 존재하기 어렵기 때문이다. 여성들이 이 같은 운명적 선택을 회피하기 때문에 유능한 농업인을 확보하는 일이 점점 더 어려워지고 있다. 요컨대, 농업이 가족농을 중심으로 하는 한 농업과 농촌이 여성에게 매력적이지 못하면 희망이 없다. 따라서 여성에게 합당한 지위를 부여하고 경제 · 사회발전에 상응하는 복지적 · 문화적 필요와 욕구를 충족시켜 여성이 농업과 농촌에 매력을 느끼게 하는 것은 농업과 농촌이 지속가능하기 위한 필요조건이 될 수밖에 없다.

이렇게 보면 여성농업인 문제는 여성의 권익문제이기에 앞서 농업과 농촌의 현실적 필요이자 경제의 문제라고 이해해야 한다. 따라서 여성인력정책은 무엇보다 수요변화에 대응한 다양한 교육훈련에 집중 투자하고, 가사 · 육아 등 여성의 활동을 제약하는 요소를 풀어 주어 잠재력을 충분히 발휘할 수 있도록 하는 데 중점을 두어야 한다. 동시에 건강 · 문화 · 복지여건을 개선하고, 합당한 지위를 부여하여 여성농업인의 삶의 질을 향상시켜야 한다. 삶의 질이 향상되면 일에 대한 만족감을 높여 잠재력을 자극하고, 잠재력이 발휘되면 일에 대한 보람을 느껴 삶의 질이 높아지는 선순환구조가 실현될 것이다.

부채문제, 이제 근본적 해법 찾아야

농민신문(2006. 2. 2)

이번 쌀 협상비준 후속대책에도 어김없이 부채대책이 한자리를 차지하고 있다. 이러한 농가부채대책은 1987년 '농어가부채경감대책'이 발표된 이래 중요한 고비마다 시행되어 지금까지 줄잡아 10번의 부채대책이 추진되었다. 이제까지 부채대책에 수십조 원이 투입되었고 이차보상 등에 매년 5,000억~6,000억 원이 소요되는 것으로 추정된다.

지금까지의 농가부채문제는 급격한 시장개방과 외환위기의 충격에서 비롯된 것으로서 대책 자체는 불가피한 것이었다. 문제는 왜 부채대책이 연례행사처럼 반복되는가? 이런 부채대책이 언제까지 계속될 것인가? 하는 점이다. 이 물음에 대한 대답은 자명하다. 이제까지의 부채대책은 이자율 감면과 원금상환 연기를 골자로 하였으므로 부채문제가 해결되지 않고 잠복할 뿐이었다. 따라서 상환유예기간이 끝나면 다시 더 큰 문제로 되살아날 수밖에 없었고 앞으로도 다르지 않을 것이다.

부채문제의 핵심은 부채를 정상적으로 상환할 능력이 없는 농가의 문제이다. 이런 농가들은 희망을 잃고 절망하여 몸부림칠 수밖에 없으므로 치열한 정치문제화된다. 이러한 농가들에게 이자율을 낮추고 상환을 연기하여 주면 당장의 부담은 다소 줄어들지만 문제의 근본적 해결에는 큰 도움이 안 된다. 결국 문제의 핵심은 해결되지 않고 그대로 남아 있는데 모든 농가에게 이자를 감면하고 상환을 연기하여 주기 위해 거액의 재정자금은 계속 들어간다. 과연 부채대책은 무엇을 위한 것인가?라는 의문을 갖지 않을 수 없다.

더욱이 연이은 이자율 감축으로 금리의 가격기능이 거의 상실된 것으로 보인다. 정책자금의 금리는 1.5%로 떨어졌고 상호금융 대출금의 이자율도 3%까지 떨어졌다. 최근 상호저축은행에서는 이율이 6%를 넘는 예금상품을 선보이고 있고 일반은행권에서도 5%를 넘는 상품을 앞다투어 내놓고 있다. 이런 상태에서 누가 원금을 상환하려 하겠는가? 상환기피를 막기 위하여 원금의 일부를 상환해야 나머지 원금의 상환을 유예해 준다든지 조기상환에 대해서는 이자를 더 깎아 주기로 하는 등의 고육지책을 쓰고 있으나, 결국 자금능력이 있는 농가에게 더 많은 혜택이 돌아갈 뿐이다.

농가부채대책은 상환능력이 없는 농가에 집중되어야 한다. 상환능력이 없는 농가 중에는 뜻밖의 시장개방과 외환위기의 충격으로 상환할 수 없을 만큼 부채가 늘어났지만 이 굴레만 벗어나면 경영을 정상화할 수 있는 농가도 있고, 경영정상화를 포기한 농가도 있을 것이다. 이런 농가들에 대해서는 원금의 탕감까지를 포함하는 과감한 대책을 마련해야 한다. 도저히 상환이 불가능하다고 스스로 판단하는 농가는 그 부채의 굴레에서 벗어나 새로운 세계로 나갈 수 있도록 해야 한다. 물론 그에 앞서 해당 농가는 소유하고 있는 모든 자산을 처분한다는 결단을 내려야 할 것이다. 경영정상화를 원하는 농가라면 농지은행에 재구입 조건부 농지양도제도를 활용할 수도 있을 것이다.

한편, 이자율은 시장금리를 반영하는 수준으로 높여 가격기능을 회복하도록 하고 더 이상 일률적인 상환유예는 하지 말자. 이 때 뉴질랜드와 같이 이자율을 높이는 만큼 원금규모를 감축하는 방안도 검토할 수 있을 것이다. 그렇게 되면 농가의 이자부담은 변하지 않고 이자율 상승으로 원금상환이 촉진되면서 부채규모의 감소로 재무구조가 개선되어 농가의 경영안정에 큰 도움이 될 것이기 때문이다.

이제 시장개방으로 인한 충격은 소득보전제도로 대응하고, 경쟁력은 이자율을 포함한 모든 가격이 시장논리에 따라 결정되는 조건 아래서 농가의 창의적 노력과 지혜에 의해 향상될 것이다. 그렇게 새로운 세상으로 나가기 위해서는 지금 짊어지고 있는 부채문제를 근본적으로 털어 내야 한다. 그렇지 못하면 부채문제가 또다시 정치문제화되고 재정자금을 빨아먹으며 우리 농업을 병들게 할 것이다.

정부지원사업 제로베이스에서 검토하자

농민신문(2007. 1. 5)

한 · 미 FTA에 대응하여 119조 원의 '농업 · 농촌종합대책'을 수정한 새로운 대책이 발표될 것이라고 예고되고 있다. 일부에서는 119조 원에 모든 자유화 대책이 포함된 것이므로 그 안에서 해결되어야 한다는 생각을 가지고 있는 듯하나, 한 · 미 FTA라는 예상을 뛰어넘는 상황변화가 일어난 이 시점에서 새로운 정책이 나올 수밖에 없고 그에 따라 예산을 새롭게 짜야 하는 것은 당연한 일이다.

그러나 우리는 새로운 예산을 말하기 전에 1990년 이후 42조, 15조, 24조, 그리고 51조 원 등 이제까지의 특별대책에 대해 깊이 성찰할 필요가 있다. 이들 계획의 정확한 액수에는 논란이 있지만 방대한 국민의 세금이 지속적으로 투입된 것은 부인할 수 없으므로 과연 이제까지의 농업예산이 얼마나 효과를 나타냈는지, 역효과는 없었는지에 대해 우리 스스로 비판적인 논의를 해야 한다는 것이다.

그 동안 정부는 구조개선과 경쟁력 향상에 중점적으로 예산을 투입하였고, 그간 경영규모가 늘어나고 생산성이 향상된 것은 사실이나, 농가 간의 소득격차는 늘어만 가고 농가부채문제는 시한폭탄처럼 우리를 불안하게 하고 있으며 외국에 비교할 수 없을 만큼 비싼 농산물이 한두 가지가 아니다. 농산물의 안전성에 대한 불안은 조금도 줄어들지 않았고, 농촌환경을 어지럽히고 하천과 연근해를 오염시키는 일이 지금 이 순간에도 곳곳에서 일어나고 있다.

이와 같은 정책의 한계를 극복하려면 새로운 대책을 만들기 전에 농업문제 해결을 위해 정부가 무엇은 할 수 있고, 무엇은 할 수 없는지를 철저히 따져 보아야 한다. 할 수 없는 것을 하겠다고 하면 효과가 나타나지 않아 예산이 낭비될 뿐만 아니라 도리어 역효과를 나타내기 때문이다. 여기서 정부는 현재의 농업구조문제와 경쟁력 문제의 근원은 40여 년 사이에 1인당 국민생산이 120배나 늘어난 세계 사상 유례없는 고도 · 압축성장의 문제가 농업부문에 퇴적된 결과이지 정부의 잘못만도 아니고 농민들의 잘못만도 아니라는 점을 인식하고 '정책콤플렉스'에서 벗어나야 한다.

동시에 정부가 경쟁력 있다고 판단하는 품목, 시설, 농가를 선택하여 집중적으로 지원하면 농업구조와 경쟁력 문제가 곧 해결될 수 있다는 착각에서도 벗어나야 한다. 구조변화와 경쟁력 향상은 시장경쟁을 통하여 경쟁력 있는 품목과 농가가 시장에서 선택되는 과정이 반복되어 이루어지는 것이지 정부의 지원으로 달성되는 것이 아니다.

문제는 한 · 미 FTA 같은 세계화의 충격으로 이러한 시장주도의 변화가 이루어지기 전에 미래에 대한 불안감으로 판이 깨지게 된다는 데 있다. 따라서 정부는 시장개방의 충격으로 경영이 위기에 처하지 않도록 그 충격을 완충해 주는데 노력을 집중해야 하고, 그것의 핵심은 소득보전대책이다.

정부가 시장개방의 피해를 보전하여 미래에 대한 불확실성을 분명하게 줄여 주고 경영을 안정시키면 그러한 안정조건 아래에서 민간의 창의적 노력이 시장경쟁을 통해 빛을 발하게 될 것이다. 따지고 보면 10여 년 전보다 농가의 경영규모가 커지고 시설농업이 발전하여 훨씬 다양하고 질 좋은 농산물을 1년 내내 먹게 된 것도 대부분 농가의 주도적 노력에 의하여 이루어진 것이며 정부의 지원을 받은 것은 일부에 지나지 않는다. 그런 의미에서 이번 대책에서는 이제까지의 모든 구조개선 및 경쟁력 향상 지원사업을 제로베이스에서 재검토하자.

그리고 우리 농산물은 확실하게 안전함을 보장하는 시스템과 우리 농업은 농촌의 환경과 경관을 분명히 아름답고 깨끗하게 보전하고 있음을 보장하는 체제를 확립하는 일에 총력을 기울이자. 지금은 '정책대상의 선택과 집중'보다 '정책의 선택과 집중'이 어느 때보다 필요한 때이다.

영세 · 고령농가는 우리에게 무엇인가?

농민신문(2007. 2. 2)

산업정책으로서의 농업정책과 사회정책으로서의 농민정책을 명확히 구별해야 한다고 주장하는 사람들이 있다. 산업정책으로서의 농업정책은 효율성 기준에 따라 대농과 전업농을 집중 지원하고, 사회정책으로서의 농민정책은 소득이 낮고 어려운 농가를 대상으로 복지제도를 확충하는 방향으로 가야한다는 것이다. 그들은 모든 농가를 다 끌고 갈 수 없으므로 영세소농과 고령농가는 털어 내고 소수 정예농가 중심으로 가야 우리 나라 농업이 살 수 있다고 주장한다. 이 주장은 자연스럽게 산업정책의 대상이 되는 농가와 사회정책의 대상이 되는 농가를 구분해야 한다는 주장으로 귀결되고, 맞춤형 농정은 바로 이런 생각의 연장선 위에 있다고 생각된다. 최근 거론되는 노령농업인에 대한 특별소득보전제도는 맞춤형 농정의 구체적 사례일 것이다.

그러나 비록 영세농가이거나 고령농가일지라도 영농을 지속하는 것이 가령 임대를 주는 것보다 월등히 소득이 많으므로 소득감소를 보충해 줄 수 있는 다른 일자리가 없는 한 영농을 포기할 수 없고 포기하지도 않을 것이다. 최근 65세 이상의 경영주가 5년 후에도 영농을 계속하는 경우가 64%나 되고 배우자가 영농을 계속하는 경우까지 고려하면 그 비율은 이보다 훨씬 높다는 것이 이를 반증한다. 현재 60세가 넘은 경영주가 60%가 넘으므로 10년 이내에 대량 은퇴가 이루어져 농업구조에 빅뱅이 올 것을 기대하는 사람들이 있지만 그것은 기대로 끝날 것이다.

만일 정부가 소득감소를 보조금으로 보전하여 은퇴를 촉진하려면 현재 지급하는 경영이양직불금의 10배는 될 만한 돈을 복지제도라는 이름 아래 쏟아 부어야 할 것이나, 일하던 사람이 일을 그만두고 놀게 하기 위해 그렇게 많은 예산을 투입한다는 것은 무엇을, 누구를 위한 것인가 하는 의문이 들 수밖에 없다. 일을 하게 하는 것이 최고의 복지정책이라고 하지 않았는가. 그들이 일을 할 수 있는 한 일을 하게 하는 것이 그들을 가장 행복하게 하는 것이고 정부는 예산을 절약하는 방법이다.

많은 사람들이 영세 · 고령농가의 탈락은 농업발전을 위한 불가피한 선택이라고 말한다. 그러나 0.5ha 이하의 영세소농이 숫자로는 44%나 되지만 영농면적으로는 14%가 안 되고, 따라서 그들이 지금 당장 다 농사를 그만두더라도 나머지 농가의 영농규모가 500평 정도 늘어나는데 지나지 않는데 규모의 경제가 얼마나 높아질 것인가? 농업정책의 대상자수는 줄겠지만 복지정책의 대상은 그만큼 늘어나는데 무엇이 달라질 것인가?

요컨대, 영세소농의 존재가 농업발전의 걸림돌이 되고 있다는 것은 현실에 대한 오해이다. 농업의 발전과 진정한 구조개선은 영세농이 그만두어야 이루어지는 것이 아니라, 능력 있고 의욕 있는 농가들이 중심이 되어 품목별 · 지역별로 농작업을 분업화함으로써 생산과정이 효율화되고, 전문유통조직을 만들어 마케팅 능력이 향상되어 이루어지는 것이다. 그러한 농작업의 분업화와 유통의 조직화에 영세농과 고령농가는 걸림돌이 아니라 도리어 훌륭한 인력자원으로 이용될 수 있을 것이다.

어느 나라나 겸업소득이나 이전소득에 주로 의존하지만 농사를 포기하지 않는 영세소농이 그 나라 농가의 대다수를 차지하고 있다는 것은 우연이 아니다. 미국에서도 농사지어 번 돈이 전체 농가소득의 10%도 안 되는 소농이 전체 농가의 80%에 이르지만 그들의 생산 비중은 13%밖에 안 된다는 사실도 우연이 아니다.

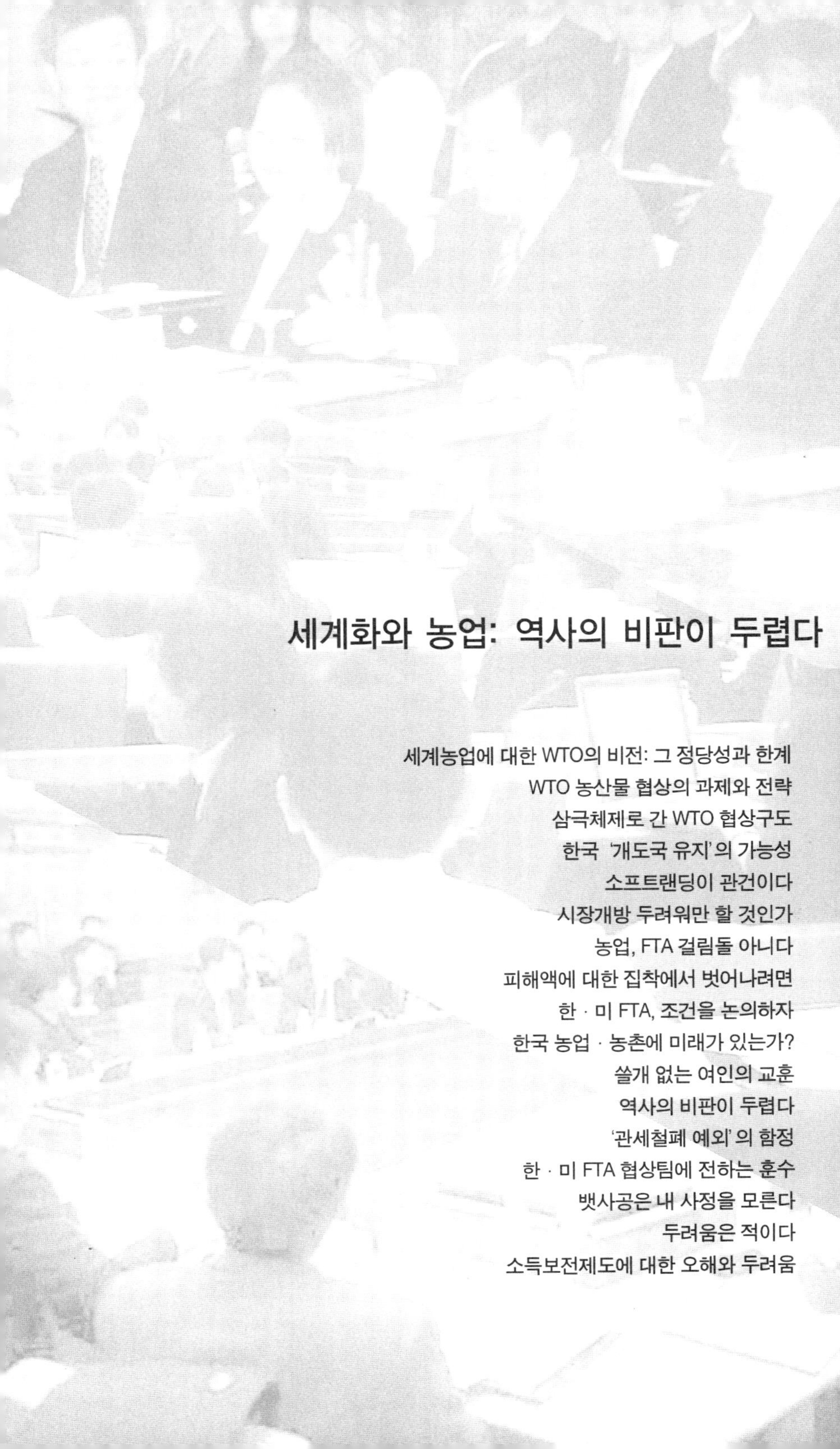

세계화와 농업: 역사의 비판이 두렵다

세계화와 농업: 역사의 비판이 두렵다

세계농업에 대한 WTO의 비전: 그 정당성과 한계

WTO 국제세미나 기조연설(2004. 9)

WTO는 농산물 교역의 완전 자유화, 시장을 왜곡하는 모든 보조금의 철폐를 그 비전으로 하고 있다. 과연 세계농업에 대한 WTO의 비전은 성공할 것인가? 이 비전의 근원은 어디이고, 왜 필요하였고 한계는 무엇인가?

20세기 세계농업은 생산성의 급격한 향상으로 수요를 초과하는 과잉생산이 이루어지고 농산물 가격은 장기적 하락추세를 나타냈다. 이에 대응하기 위하여 19세기 말부터 보호관세가 일반화되었고 20세기 초에는 다양한 형태의 물량규제제도가 도입되어 농산물 수입을 직접 규제하기 시작하였다. 그 후 20세기 중반부터는 국경보호에 그치지 아니하고 국내시장에 개입하는 갖가지 정책들이 앞다투어 도입되었다. 농산물 가격을 유지하기 위한 정부수매제도, 생산보조금제도, 생산조정제도 등이 그것이었다. 보호주의는 여기에 머물지 아니하고 1980년대 들어 경쟁적으로 수출보조금을 지급하여 국내 과잉 농산물을 밀어 내기 시작하였고, 여기에 이르러 보호주의는 더 이상 지속되기 어려운 한계에 봉착하게 되었다.

드디어 우루과이라운드가 태동하고 긴 산고를 겪어 국경보호를 감축하는 시장접근의 개선, 농업생산을 왜곡하는 국내보조금의 감축, 그리고 무역을 왜곡하는 수출보조금의 감축에 합의하여 1세기 동안 진행된 보호주의의 물결은 일거에 시장주의로 반전되었다. 우루과이라운드가 세계농업을 시장지배의 원칙에 따라 재편하는 계기를 마련한 것이라면 도하개발아젠다(DDA)는 이 원칙의 실질적 발전을 도모하려는 것이며, 이의 성공 여부는 WTO의 이상과 비전이 성공할 수 있는 것인가를 가름하는 중대한 시금석이 되고 있다. 그런 의미에서 모든 국가가 도하개발아젠다는 좌초시킬 수 없는 세계사적 과정이라고 생각하고 있을 것이며, 따라서 합의에 도달할 수밖에 없을 것이다. 그러나 다음과 같은 두 가지 사실을 간과해서는 안 된다.

먼저, 다음과 같은 질문을 생각해 보자. 벨기에와 룩셈부르크, 네덜란드가 연합한 베네룩스경제연합 이래 유럽경제연합(EEC), 그리고 GATT 협정에 이르기까지 모든 국제교역 협정에서 농산물을 다 같이 예외로 하였던 이유는 무엇일까?

자유무역협정(FTA)이 현재 250여 개에 이른다고 하지만 이들 협정이 왜 거의 예외 없이 상당히 많은 농산물에 대해 관세철폐를 유예하거나 예외로 하는 특별조치를 포함하고 있는 것일까? 지난 1세기 동안 왜 모든 선진국들이 농업보호주의의 늪에 빠져 들었던 것일까? 우루과이라운드는 왜 10년의 세월을 소비하고서야 겨우 타결에 이르렀을까? 칸쿤회의의 결렬을 감수하며 왜 선진국들은 개도국의 국내보조금 감축요구를 거부할 수밖에 없었을까? 이 모든 것은 그들이 무지하였던 소치일까?

경제발전에 따라 농업생산 비중이 감소하는 산업구조 변화가 나타난다. 이러한 산업구조의 변화에 걸맞은 고용구조 변화가 이루어지려면 부문 간의 노동력 이동이 충분히 신속하게 이루어져야 한다. 그러나 비농업부문의 노동시장은 농업취업자에 대해 매우 폐쇄적이어서 어느 나라에서나 기존의 농업취업자가 성공적으로 전직·정착하는 비율은 연간 1~2%에 불과하고, 특히 40세 이상의 농업취업자의 경우는 1%에 못 미치는 것이 보통이다. 이러한 제약 아래서 선진국들은 100년 길게는 200년 이상의 세월에 걸친 세대교체과정을 거쳐 현재의 상태에 도달하였다. 그 긴 기간에 국경보호, 국내가격지지와 직접지불제도를 확대하여 실질적으로는 목표소득을 지지하여 왔다. 그런 의미에서 국경보호와 국내보조는 자유화의 고원에 연착륙하기 위한 패러슈트 역할을 하였다고 생각한다.

한국을 비롯한 선발 개도국은 선진국에 비해 매우 짧은 기간에 산업화를 이룩하였고, 산업구조 변화속도도 6~7배나 빠르게 진행되어 세대교체과정을 통해 고용구조조정을 이룰 시간을 갖지 못하였다. 그 결과 1인당 GDP의 수준은 높아졌지만 농업의 구조조정은 아직도 많은 시간을 필요로 할 수밖에 없다. 그러나 WTO체제는 선진국들이 오랜 기간 활용해 온 국경보호와 국내보조정책을 이들 개도국들에게 똑같이 엄격히 제한하려 하고 있다. 그들이 연착륙에 활용한 패러슈트를 일거에 수거해 가려 하고 있는 것이다. 과연 한국 등 선발 개도국들이 부문 간 심각한 소득격차와 사회적 갈등 없이 농업구조조정을 해 낼 수 있을까? 이 문제는 중국을 비롯한 후발 개도국들이 현재 실감하고 있지 못하지만 경제발전이 진행됨에 따라 조만간 닥칠 시련이 될 것임에 틀림없다. 그런 의미에서 모든 개도국들이 공통적으로 관심을 가져야 하고, WTO도 이러한 문제점을 외면해서는 안 된다고 생각한다.

한국의 경우를 보자. 40여 년도 더 전인 1960년 이전 국민소득이 100달러 수준이던 시절, 대부분의 국민이 기아로부터의 해방을 위해 몸부림치던 시기에 농사짓기를 시작하여 이제 60세를 넘겨 아무런 대안이 없는 사람들이 농업취업자의 60% 이상을 차지하고, 연간 전직률이 1%에 못 미치는 40세 이상의 농민이 95%에 이르고 있다. '농업문제'가 '산업의 문제'인 것으로 보이지만 '사람의 문제'이자 '고용의 문제'이고, '시간과의 싸움'이라는 것에 대한 이해가 필요하다. 선진국들은 한국의 농산물 시장개방 속도에 신축성이 필요하고, 시장개방 속도가 빠를수록 농가소득과 경영을 안정시키기 위한 직접지불제도의 활용이 불가결하다는 점을 이해해야 한다.

여기서 한국 농업이 WTO에서 당분간 개도국 지위 유지의 필요성과 타당성을 발견할 수 있다. 개도국 유지란 한국 경제 · 사회의 포괄적 발전수준을 규정하는 것이 아니라 농산물 관세와 보조금의 감축 폭을 낮추는 두 개의 선택 – '빠른 감축의 길'과 '느린 감축의 길'– 중 '느린 감축의 길'을 선택하겠다는 매우 단순한 의미라는 것을 이해한다면, 쟁점은 왜 낮은 감축률을 적용해야 하는가로 귀착된다. 이것을 논의하려면 WTO에서 왜 선진국들이 관세와 보조금의 '철폐'를 포기하고 '점진적 감축'을 논의할 수밖에 없는지에 주목해야 한다. 100~200년 이상 전부터 산업화가 진행되어 세대교체과정을 거치면서 농업구조조정을 이룩하여 온 나라들조차 농업에는 별도의 점진적 개방원칙을 적용할 수밖에 없다면, 산업화가 시작된 지 이제 40년밖에 안 된 한국이 세대교체과정을 기다리기 위하여 농업부문에 대해서만 '느린 감축의 길'을 선택하겠다는 것은 WTO의 논리에 전혀 어그러지는 것이 아니다.

그렇더라도 한국이 어떻게 동남아시아나 아프리카의 국가와 같은 개도국인가라고 비판할지 모른다. 이 비판은 일견 그럴 듯하게 보이지만 논의의 본질을 왜곡시키는 대단히 부적절한 것이다. 왜냐하면, 한쪽 끝에 소말리아와 같은 국가가 있다면 또 다른 한쪽에는 미국이 있는데 한국은 소말리아와 같지도 않지만 미국과 같지도 않기 때문이다. 산업화 역사가 100년이 넘은 미국은 UR 때부터 '빠른 감축의 길'을 선택하였고, 한국이 가령 2015년경부터 '빠른 감축의 길'을 선택한다면 아마도 후발 개도국들은 그 후 한참 뒤까지 '느린 감축의 길'을 선택할 수밖에 없을 것이다. 그렇게 각국의 발전수준에 따라 '빠른 감축의 길'로의 전환시점이 다를 수밖에 없다는 것일 뿐 한국이 후발 개도국들과 같다는 것은 아니다.

WTO는 한국 농업에게 정책선택의 신축성을 부여하고, 한국 농업은 세계적 기준에 부합하도록 적극적 노력을 경주한다면 선진국들과 같이, 그보다 훨씬 빨리 농산물 시장의 자유화란 고원에 연착륙할 수 있을 것이다. 한국 농업은 이미 괄목할 만한 생산성 향상과 구조조정에 성공하였고 앞으로 그 속도는 가속될 수 있을 것이다. 이러한 한국의 성공은 WTO에서 후발 개도국들에게 희망과 용기를 주고 농업에서의 자유무역에 대한 믿음을 주어 향후 WTO의 농산물 협상을 촉진하는 계기가 될 것이다.

세계화와 농업: 역사의 비판이 두렵다

WTO 농산물 협상의 과제와 전략

관세와 무역(2003. 8)

한국 농업은 산업화가 시작된 이래 끊임없이 위기의 시대를 지나왔다. 그러나 앞으로 길게는 10년간, 짧게는 5년간 그 어느 때보다도 어려운 시련과 위기를 맞게 될 것이며, 앞으로 2~3년은 그러한 위기를 슬기롭게 극복할 수 있을 것인가를 결정짓는 중요한 시간이 될 것이다.

현재 진행중인 WTO 협상에서는 내년 3월까지 농산물 시장개방과 국내보조감축에 관한 기본 원칙이 결정되고, 우리는 내년 말까지 그러한 원칙에 따른 이행계획서를 제출해야 한다. 2004년 중에 우리가 제출한 이행계획서에 대한 각국의 검증작업이 이루어지고, 이 과정에서 이의를 제기하는 나라와 논란하고 설득하는 어려운 협상을 해야 할 것이다. 동시에 2004년 중에 쌀 시장개방에 관한 협상을 끝내야 한다. 그뿐만 아니라 칠레, 일본 등과의 자유무역협정이 언제 급물살을 타고 타결될지 알 수 없다. 이상과 같은 농산물 협상이 우리 나라 농업에 미칠 영향은 우리의 상상을 훨씬 뛰어넘는 것이 될 수도 있다. 협상결과에 따라서는 중요한 농산물의 관세율이 대폭 낮아지고, 우리 나라 농업소득의 절반을 차지하는 쌀 시장을 전면 자유화해야 할지도 모른다. 또한 개발도상국으로 인정받지 못하여 농산물 시장개방 속도가 일시에 가속될 수도 있다.

이러한 도전과 위기 앞에서 우리는 신뢰의 위기를 맞고 있다. 농업인은 앞으로 잘 살게 해 주겠다는 농정당국의 반복된 약속을 더 이상 믿을 수 없다는 불신에 쌓여 있고, 예산당국은 농업정책이 시장경제논리를 무시한 투 · 융자로 국가 예산을 낭비하고 있다고 불신하고 있다. 비농업계는 농업계가 불합리하고 이기주의적인 입장을 정치적 논리로 무리하게 관철시키고 있다고 불신하고 있으며, 농업계는 비농업계가 농업에 대한 무지와 이해부족으로 농업을 무시하고 있다고 불신하고 있다. 이러한 불신을 극복하지 못하면 다가오는 위기를 결코 극복할 수 없을 것이다. 농업인, 농정당국, 예산당국, 비농업계 어느 한편의 힘만으로는 위기를 극복할 수 없기 때문이다.

불신의 벽을 허물기 위해서는 먼저 한국 농업과 통상협상의 현실을 숨김없이 드러내 놓고 위기에 대한 인식, 그리고 농업계나 비농업계 모두가 이제까지 우리가 의지해 온 수단과 행동모델로는 이 위기를 극복할 수 없다는 인식을 공유하는 것이 대단히 중요하다. 이를 위해 한국 농업과 국제질서의 현실, 국내외 여건변화와 제약조건을 고려한 비관적 시나리오에 우리 모두 귀를 기울여야 한다. 그러한 현실인식 위에서 이제까지의 농정에서 무엇을 포기하고, 그 대신 무엇을 새로이 도입하여야 할 것인가에 대해 농업인, 농정당국, 예산당국, 비농업계, 농업계가 합의하는 빅딜(big deal)을 이루어 내야 한다. 그러한 빅딜을 위해 이제 우리 모두 서로를 일단 신뢰하고, 진지하고 솔직하게 이야기를 시작해야 하며, 그런 의미에서 우리 나라의 농산물 협상의 현실과 전략을 총점검하고 재정비해야 한다고 생각한다.

DDA 협상의 두 가지 전략

이제까지 우리 나라는 WTO 농산물 협상에서 두 가지에 전략적 중점을 두어 왔다. 첫째는 농업이 식량안보, 환경보존, 홍수 조절 등과 같은 다원적 기능을 수행한다는 것을 이유로 농산물 시장개방에 예외를 두어야 한다는 것이고, 둘째는 개도국으로 인정받아 시장개방과 국내보조금 감축에서 최대한 유리한 조건을 얻어 내려는 것이다.

첫 번째 협상전략인 "다원적 기능이 있기 때문에 시장개방에 제한을 두어야 한다"는 주장은 두 가지 이유에서 취약점이 있다고 생각한다.

먼저, 농업이 다원적 기능을 가지고 있는 것은 분명하지만 다원적 기능을 고려하여 농산물 시장개방수준을 설정한다는 것은 이론적으로 대단히 어렵다. 그 존재를 주장할 수 있고, 또 세계적으로 인정되고 있지만, 각국의 농산물 시장개방수준을 정하는 협상안으로 구체화하기는 쉽지 않을 것이다. 그것은 마치 무지개가 분명히 존재하고 아름다운 것이지만 손으로 잡을 수 없는 것과 같다고 하겠다. 다음으로, 다원적 기능을 이유로 시장개방 폭을 제한한다는 것은, 모든 농산물 시장의 완전 개방을 지향한다는 UR 협정의 논리와 WTO의 패러다임을 수정하자는 것이므로 받아들여지기가 어려울 것이다. 더욱이 현재 진행되고 있는 농산물 협상은 UR 협정에 근거하여 이루어지는 것이므로 UR 협정의 논리를 뒤집는 주장은 스스로 모순에 빠지게 된다.

따라서 다원적 기능이 있기 때문에 시장개방에 한계가 있다고 주장하기보다는 다원적 기능을 유지하기 위해서는 다양한 국내보조금이, 경우에 따라서는 생산과 연계된 보조금까지도 필요하다는 주장을 내세워 국내보조금에 관한 유연성을 최대한 확보하는 데에 중점을 둘 필요가 있다.

또한 농업 · 비농업부문 사이에서는 물론 농업부문 내에서조차 노동력과 토지의 이동이 자유롭지 못하므로, 농산물 시장개방 속도와 폭이 각국의 경제 · 사회적 여건에서 감내할 수 있는 수준에서 결정되어야 한다는 데에 논의의 초점을 두어야 한다고 생각한다. UR 협정에서 관세감축 폭과 국내보조금 감축 폭을 정하였던 것은 바로 시장개방 속도가 조절될 필요성이 있음을 인정한 것이었다. 또한 UR 이후 미국을 위시한 거의 모든 나라의 농업이 많은 어려움을 겪고 있는 현실이 농산물 시장의 자유화 속도가 더 이상 빨라서는 안 된다는 주장을 경험적으로 뒷받침하고 있다.

두 번째 협상전략은 개발도상국으로 인정받는다는 것인데, 이 전략에 대해 많은 사람들이 회의적이다. 그것은 무엇보다 OECD 국가가 개도국으로 인정되기가 어려우리라는 생각 때문일 것이다. 그러나 개도국으로 인정받는 것이 다원적 기능을 이유로 시장개방 속도를 늦추려는 것보다 용이하고 현실적일 수 있다고 생각한다.

우리 나라가 개발도상국으로 인정받겠다는 것은 우리 나라 농업이 가지고 있는 특징, 즉 급격한 산업화의 후유증 때문에 당분간 개도국 농업과 같은 문제를 가지고 있다는 것이다. 따라서 UR 협정의 기본 논리 속에서, 농산물 시장개방 속도를 우리 농업이 감내할 수 있는 수준에서 설정하겠다는 주장이므로 이행계획서 검증과정에서 직접적인 이해당사국들을 설득하고 적절한 반대급부만 제공하면 생각보다 쉽게 합의를 받아낼 수도 있을 것으로 생각한다.

쌀 협상

또 하나의 중요한 협상과제는 UR 협정에 따라 쌀의 수입자유화(관세화) 유예조치를 연장할 것인지 여부에 대한 협상을 2004년 중에 시작하고 끝내야 한다는 것이다. 이 때 수입자유화 유예조치를 연장하려면 수출국들이 수용가능한 추가적인 양허를 해야 한다고 UR 협정은 규정하고 있다. 즉, 수입자유화를 유예시키려면 최소시장접근물량(MMA)을 늘려 주든지 다른 반대급부를 제공하여 수출국들의 동의를 이끌어 내야 하고, 만일 수출국들이 동의하지 않으면 2005년부터는 관세화 방식으로 쌀 시장을 자유화하지 않으면 안 된다.

일부에서는 일본이 1999년에 쌀 수입을 자유화하였지만 쌀이 수입되지 않고 있음을 보고 우리도 관세화하더라도 쌀 수입이 크게 늘어나지 않을 수도 있다고 생각하는 듯하나, 우리 나라와 일본의 사정은 전혀 다르다. 일본은 쌀 수입자유화 후 900% 이상의 관세를 붙이고 있으나, UR 협정에 규정된 계산방식에 따르면 우리 나라가 2005년에 적용할 수 있는 관세율은 400% 수준을 크게 벗어나기 힘들 것으로 추정된다. 만약 그렇게 되면 2005년부터 중국 쌀이 관세의 벽을 넘어 수입될 가능성이 대단히 높다. 국제 쌀 가격, 환율 등 변수가 많지만 쌀값이 현재의 80kg당 16만 원 선에서 2010년경에는 12만 원 수준으로 떨어지고, 총쌀실질소득은 지금의 반으로 감소할 수도 있다. 쌀 소득이 농업소득의 50%, 농가소득의 25%가 되는 상황에서 쌀 소득이 반 이하로 감소한다면 우리 나라 농업과 농가경제는 이제까지 경험해 본 적이 없는 큰 충격을 받게 될 것이다.

따라서 늦어도 2003년까지는 자유화에 대비한 국내체제를 정비해 두어야 자유화를 수용할 수밖에 없는 경우에 충격과 혼란을 줄일 수 있고, 2004년 협상을 유리하게 이끌 수 있다. 그렇지 못하면 자유화 유예를 위하여 지나치게 많은 것을 양보할 수밖에 없는 상황에 내몰릴 수 있음을 잊지 말아야 한다.

끝으로 강조해 두어야 할 것은, 쌀의 시장개방 피해를 최소화하려면 WTO 농산물 협상에서 특별긴급피해구제제도(SSG)가 존속되도록 하는 것이 대단히 중요하다는 것이다. 이 제도에 의하면, 당년의 수입량 증가가 과거 평균수준의 25%가 넘어서면 긴급관세를 붙여 수입을 차단할 수 있기 때문이다. 특히, 중국은 WTO 가입조건으로 이 제도를 10년간 유지하도록 되어 있기 때문에 우리가 이 제도를 활용할 수 있도록 협상을 해 나가야 할 것이다.

농업 투 · 융자 무용론

협상에서는 정보, 논리 그리고 협상기술이 중요하지만 협상의 근본적인 힘은 얼마나 다양한 카드를 준비하여 상대방의 요구와 주장에 따라 선택적으로 대응하느냐에 달렸다고 생각한다. 그런 의미에서 이번 협상의 성패는 국내농업의 대응체제를 어떻게 정비하여 협상카드를 다양화하느냐에 달려 있다. WTO 농산물 협상대책이 협상 자체에만 머물러서는 안 되고, 국내농업과 농정을 개혁하여 다양한 대책을 세우고 그것을 협상과 연계하는 것이어야 한다.

문제는 국내대책의 핵심인 농업 투 · 융자에 대해 대단히 회의적인 시각이 팽배해 있다는 것이다. 여기서 그 동안의 농업 투 · 융자가 "밑 빠진 독에 물 붓기 식"으로 낭비되었다는 지적을 검토할 필요가 있다.

"57조 원이나 쏟아 부었다"는 '유명한 상식'부터 점검해 보자. 57조 원 중 정부재정부분은 31조 원이었고, 또 그 중 45%는 융자금이었음을 잊지 말아야 한다. 또 '농업 투·융자가 효과가 없었다는 널리 퍼진 속설'을 짚어 보자. 1990년대에 대규모 투자가 이루어진 결과 농업부문 고정자본이 연평균 9% 이상 증가하였고, 이와 같은 자본 증가에 힘입어 1990년대 농업부문 성장률이 1980년대 후반의 -0.9%에서 3.0%로 증가하였음을 아는 사람은 많지 않은 듯하다. 생산성 증가율도 연평균 2.0%에서 5.9%로 상승하여 농업·비농업 간의 생산성 격차가 상당히 축소되었다. 요컨대, 농업의 성과는 대단히 좋았음을 잊지 말아야 한다.

문제는 이러한 농업의 성과가 농가소득으로 연결되지 못하여 '성장과 소득의 괴리현상'이 나타났다는 것이다. 그것은 외국 농산물의 수입이 증가하는 데다 국내생산이 늘어나 농산물 가격이 공산품보다 10%나 더 떨어졌기 때문이다. 그런데 농산물 가격이 하락하였다는 것은 그만큼 국제경쟁력이 높아졌다는 것이고, 또 그만큼 소비자가 이득을 보았다는 것을 의미한다. 개방과 경쟁력 향상과정은 '투·융자 증가-성장과 생산성 증가-농산물 가격하락-성장과 소득의 괴리-소비자 이득 증가'현상을 불러올 수밖에 없고, 이것이 선진국들이 걸어온 길이었다. 이런 시련을 거쳐 농업의 경쟁력이 향상되고 선진화된다. 이 과정에서 어떻게 부실을 최소화하고, 시련을 견디지 못하는 고령·영세농가의 문제를 사회정책적 수단으로 해결하여 나갈 것인가 하는 것이다.

세계화와 농업: 역사의 비판이 두렵다

삼극체제로 간 WTO 협상구도

중앙일보(2003. 9.16)

멕시코 칸쿤에서 열렸던 WTO 각료회의는 결국 최종합의에 이르지 못한 채 끝났다. 투자, 경쟁정책, 정부조달, 무역촉진 등 이른바 싱가포르 이슈에 대한 합의 실패가 직접적 원인이 되었지만 농업협상에서의 첨예한 대립도 결렬의 중요한 요인이 된 것으로 추정된다. 최종 각료선언문도 "몇 가지 중요한 분야에 대해 더 협상이 필요하여 최종합의를 유보한다"고 밝히고 있다.

이번 협상은 세계무역협상에 새로운 이정표로 기억될 것 같다. 지난번 UR에서는 미국과 EU가 비밀협상을 통해 합의안을 도출한 후 두 거인이 협상을 주도하고 나머지 국가들이 따라가는 형식으로 진행되었다. 이번에도 회의 개시 직전 미국과 EU가 전격적으로 합의안을 발표하고 이를 기초로 의장 초안이 마련되어 다시금 양대 세력의 주도로 합의가 이루어질 것으로 예상되었다. 그러나 개도국그룹의 강력한 저항에 부딪쳐 결국 합의에 실패함으로써 앞으로 세계무역질서 논의가 미국, EU 그리고 개도국그룹의 삼극체제로 진행될 것임을 예고하였다.

또한 이번 협상에서는 세계 각국이 자국의 이익을 챙기기 위해 변화무쌍한 합종연횡을 연출하여 춘추전국시대의 모습을 연상하게 하였다. 전통적 수출국 모임인 케언스그룹이 사실상 와해되고, 이 중 개도국인 브라질 등 10개국과 종래부터 개도국의 대표격인 인도와 이집트, 그리고 지난 해 WTO에 가입한 중국 등이 G-21이라고 불리는 개도국그룹을 형성하여 미국과 유럽연합을 본격적으로 견제하기 시작하였다. G-21은 싱가포르 이슈의 논의 자체에 반대할 뿐만 아니라 미국과 EU가 국내농업 보조수준을 대폭 감축할 것을 강하게 요구하여 미국과 EU 중심의 합의도출을 어렵게 하였다. 우리 나라가 속해 있던 NTC그룹도 EU가 미국과 손을 잡는 대신 불가리아, 대만, 이스라엘 등이 참여하여 수입국 입장을 대변하는 G-9를 형성하였고, 그 밖에 인도네시아를 주축으로 하는 SP-25, 여기에 케언스 10개국이 참여하는 SP-35, 아프리카와 카리브연안 후진국들의 모임인 ACP-78 등이 나름대로 목소리를 높이고 이것이 협상에 적지 않은 영향을 주게 되었다.

각료회의의 결렬은 우리 농업에 두 가지 중요한 시사점을 던져준다. 첫째는 관세나 보조금 감축의 구체적인 방식, 곧 세부 원칙(modalities)이 제시되지 않은 채 내년에 쌀 협상을 해야 한다는 점이다. 이에 따라 쌀 협상은 아무런 지침이 없는 상황에서 주요 무역상대국과의 양자 협상에 전적으로 의존할 수밖에 없게 되었다. 무역상대국이나 우리나 양자 모두 얼마나 요구하고 얼마나 내주어야 할지 판단할 수 없는 상황에서 합의를 도출해야 하는 상황이 되었으므로 더욱 더 치밀한 준비와 결단이 필요하게 되었다.

둘째는 이번에 합의에 실패하였지만 각료회의는, WTO 일반이사회와 사무국이 긴밀히 협조하여 올해 12월 15일 안에 고위급 일반이사회를 소집할 것을 요구하고, 당초의 기한 내에 성공적인 타결이 이루어지는 데 필요한 조치를 강구하도록 위임하였다. 따라서 농업협상이 WTO 일반이사회 산하의 농업위원회로 다시 부쳐져 논의될 것이므로 협상준비에 더욱 박차를 가해야 함은 물론 국내대책 수립에 조금도 흔들림이 있어서는 안 된다는 것이다.

이번 각료회의에 상정되었던 초안이 관세를 큰 폭으로 감축할 뿐만 아니라 개도국들에게도 품목별 국내보조에 한계를 설정하고 있었기 때문에 수입피해에 대응한 소득보전 등 국내대책수립에 엄격한 제약이 걸리게 되어 우리에게 매우 아픈 것이었음을 주목해야 한다. 반면, 선진국에 허용된 관세상한 예외 조항, 개도국의 특별품목 조항, 변형된 블루박스 보조금 허용 조항 등 우리가 활용할 수 있는 조항들을 포함하고 있었음에 유의하여야 한다. 또한 빈칸으로 남겨졌던 숫자가 어떻게 결정되는가에 따라 우리에게 미치는 영향이 전혀 다를 수 있음도 간과하지 말아야 한다. 이제 숨을 고르고 시야를 넓혀 복잡해진 협상구도를 효과적으로 활용하는 제갈공명의 지모와 전술이 더더욱 필요하게 되었다.

세계화와 농업: 역사의 비판이 두렵다

한국 '개도국 유지'의 가능성

문화일보(2003. 10. 2)

멕시코 칸쿤에서 있은 WTO 각료회의 실패 후 대부분의 언론은 개도국 지위를 유지하려는 헛된 꿈에서 깨어나야 한다고 지적하였다. 얼마 전 미국과 EU 관계자들도 기자회견에서 한국이 개도국이라는 것은 어불성설(語不成說)이라고 했는데 과연 개도국 주장은 황당한 것인가.

쟁점은 세 가지다. 개도국 지위 유지가 필요한가, 개도국이란 근거가 있는가, 한국이 말리나 소말리아와 같은 개도국이라고 할 수 있는가.

많은 사람이 UR가 끝난 지 10년이나 지난 지금, 개도국 주장은 정치권의 이해타산 또는 농업계의 집단이기주의에서 비롯된 것으로 생각하고 있는 듯하다. 그러나 개도국 지위 유지문제는 그렇게 가볍게 이해하고 넘어갈 사안이 결코 아니다.

만약 우리 나라가 각료회의 초안의 선진국 조건으로 농산물 시장을 개방한다면 농업부문 총소득이 15조 원에서 2010년에 9조 원 수준으로 감소할 가능성이 있다. 그 때 농업취업자가 현재 수준의 소득을 유지하려면 7년간 200만 명에서 140만 명으로 줄어야 하고, 국민소득 증가를 고려하면 90만 명 수준으로 줄지 않으면 안 된다. 자연감소와 전직을 고려하더라도 최소한 25만~50만 명이 일자리를 잃는 결과가 된다. 현재 실업자가 80여만 명임을 생각하면 상황은 대단히 심각하다.

이들에게 새로운 일자리를 만들어 주는 것도 어렵지만 농민 대부분이 50세를 넘었으므로 도시로 나가 새로운 일자리를 갖게 하기에는 너무 늦었다. 복지정책으로 이 문제를 풀려면 적어도 연간 수조 원이 들어갈 것이다. 개도국 지위문제는 단순히 농민들만의 문제가 아니라 중요한 국민경제문제이며 납세자의 문제라고 하지 않을 수 없다. 그러면 개도국 주장에 도대체 근거가 있는가.

개도국 지위 유지란 관세와 보조금의 감축 폭을 낮추겠다는 매우 단순한 의미라는 것을 이해한다면 쟁점은 왜 선진국보다 낮은 감축률을 적용해야 하는가로 귀착된다. 이것을 논의하려면 왜 관세무역일반협정(GATT)체제 시절, 반세기 가까이 농산물은 무역자유화 논의에서 예외로 취급되었고, UR 이후 10년이 지난 지금도 선진국들이 관세와 보조금의 '철폐'를 포기하고 '점진적' 감축을 논의할 수밖에 없는지, 그리고 왜 농산물 협상은 별도의 협상 틀에 따라 별도의 원칙(modality)을 적용하는지에 주목해야 한다.

그것은 농업생산이 줄어들면 그만큼 농업취업자가 감소해야 하는 데 어느 나라에서나 농업취업자가 단기간에 대량 전직한다는 것은 대단히 어려우므로, 농업구조조정은 세대교체과정을 거쳐 서서히 진행될 수밖에 없음을 인정하고 있기 때문이라고 생각한다.

100~200년 이상 전부터 산업화가 진행되어 세대교체과정을 거치면서 농업구조조정을 이룩해 온 나라들조차 농업생산의 위축을 감당하는 것이 어려워 아직도 농업에는 별도의 점진적 개방원칙을 적용할 수밖에 없다. 그렇다면 산업화가 시작된 지 이제 40년밖에 안 된 한국이 세대교체과정을 기다리기 위해 농업부문에 대해서만 선진국들보다 긴 유예기간을 갖겠다는 것은 WTO 농산물 협상논리에 전혀 어긋나는 것이 아니다.

그렇더라도 한국이 어떻게 소말리아나 캄보디아와 같은 개발도상국인가. 이 비판은 일견 그럴 듯하게 보이지만 논의의 본질을 왜곡시키는 대단히 부적절한 것이다. 왜냐하면, 한쪽 끝에 소말리아가 있다면 또 다른 한쪽에는 미국이 있는데 한국은 소말리아와 같지도 않지만 미국과 같지도 않기 때문이다.

산업화 역사가 100년이 넘은 미국은 UR 때부터 선진국 감축률을 적용하였고, 한국이 2015년 쯤부터 선진국 감축률을 적용한다면 아마도 소말리아는 그로부터 한참 후까지 개도국 감축률을 적용할 것이다. 그렇게 각국의 발전수준에 따라 전환의 시점이 다를 수밖에 없다는 것일 뿐 한국이 소말리아와 같다는 것은 아니다.

그럼에도 불구하고 개도국 지위 유지는 매우 힘든 일임에 틀림없고 허상을 가져서도 안 된다. 그러나 결코 포기할 수 없을 만큼 국가적으로 중요한 일이고 근거 없는 주장도 아니다. 또 양자 협상에 대비하여 논리와 협상카드를 철저히 준비한다면 불가능한 것만도 아니다. 그 중요성과 가능성에 믿음을 가지고 모두가 자기 위치에서 최선의 노력을 기울여 보자.

소프트랜딩이 관건이다

정경뉴스(2004. 4)

한 · 칠레 FTA가 세 번의 산고 끝에 국회를 통과했지만, 농업개방은 이제 시작일 뿐이다. 지난 해 칸쿤에서 열렸던 제5차 WTO 각료회의가 무산되어 DDA 협상이 난항을 겪고 있지만, 그와 별도로 올해는 10년 동안 미루어 두었던 쌀 개방 협상이 진행된다. 바야흐로 본격적인 농업개방시대를 맞고 있는 것이다. 정부도 올해 쌀 재협상을 앞두고 범정부 차원의 태스크포스를 구성하는 등 발빠른 움직임을 보이고 있다. 정경뉴스는 농업개방시대를 맞아 농림정책 수립을 지원하는 전문 연구기관인 농촌경제연구원을 찾아 이정환 원장을 인터뷰했다.

한 · 칠레 FTA, 급격한 피해 없을 것

• 한 · 칠레 FTA에 대한 평가가 엇갈린다. "농업강국인 칠레를 FTA 첫 상대국으로 택한 것이 잘못"이라는 견해에서부터 "교역규

모가 적은 칠레가 첫 상대로 적절했다"는 의견까지 있는데 어떻게 평가하고 있나?

◎ 칠레를 선택할 때 다면적인 것을 충분히 고려했다고 보지는 않는다. 작고 먼 나라이므로 크게 문제가 안 될 것으로 생각했는데 당시 생각한 것보다는 농업부문에 영향이 크다. 그런 면에서 아쉬운 면이 있다. 그러나 FTA가 세계적인 흐름이라는 것은 부정할 수 없다. 국가생존전략 차원에서 FTA는 시급하고 불가피한 선택이라고 본다.

• *일본은 싱가포르와의 FTA 협상에서 농업부문을 제외했다.*

◎ 일본이 첫 번째 FTA를 성공적으로 타결하는 모양새를 갖추기 위해 농업을 제외한 것으로 보인다. 하지만 이는 명목상일 뿐이다. 싱가포르는 농산물을 수출하지 않기 때문에 농업부문을 제외한다는 것이 실제적으로는 별 의미를 갖지 못한다.

• *한 · 칠레 FTA가 통과되기까지 3년이라는 시간이 걸렸다. 앞으로 일본, 싱가포르와의 FTA 협상을 남겨 두고 있는데 어떻게 전망하나?*

◎ 농민단체가 격렬하게 반대하는 이유는 한 · 칠레 FTA가 제2, 제3의 FTA로 확대되고 시장이 개방되는 모멘텀(momentum)으로 작용할 우려 때문이다. 그러나 4월 1일에 FTA가 발효되면 생각보다 효과가 즉각적으로 나타나지 않는다는 것을 알게 될 것이다. 그러면서 사람들의 생각도 유연하게 바뀔 것으로 본다. 정부도 칠레와의 FTA를 하면서 어떤 방식으로 추진해야 하는가에 대한 교훈을 얻었고, 앞으로는 좀더 효과적인 과정을 거쳐서 되지 않겠는가 생각한다.

• *한 · 칠레 FTA의 효과가 즉각적으로 나타나지 않을 것으로 보*

는 근거는?

◎ 현재 칠레산 과일에 붙는 관세가 한 40% 가량 된다. 이것을 5년에서 10년 동안 0%로 낮춘다는 것인데 사실 과일은 품질에 따라 가격차가 많이 난다. 국내에서 생산되는 과일도 상품과 하품의 가격차가 3~4배씩 난다. 관세가 40% 낮아지면 칠레에서 들어오는 과일값이 그만큼 낮아지겠지만 그것이 칠레산 과일에 대한 수요를 늘리는 효과는 크지 않을 것이다. 질적인 측면에서 소비자의 선호에 어느 것이 잘 맞느냐가 결정적인 것이지, 관세인하로 인해 수요가 국내산에서 칠레산으로 이동하는 효과는 미미할 것이다.

• *하지만 칠레산 과일의 품질은 상당히 좋은 것으로 평가되고 있다.*

◎ FTA를 안 하고 40%의 관세를 물어도 품질이 좋아 소비자가 선호하면 들어온다. 국내산 과일에서도 품질이 좋으면 3~4배의 가격을 지불하고도 소비자가 사 먹는데 관세 40%를 매기는 것이 수요에 크게 영향을 미치겠는가. 예를 들어, 420원짜리 과일이 300원이 되는 것인데 그러면 420원이라 안 사 먹고 300원이라 사 먹을 소비자가 그렇게 많이 있겠느냐는 뜻이다.

소득보전, 농업의 다원적 기능 때문

• *농업개방시대를 맞아 개방 반대론과 개방 불가피론이 맞서고 있다. 어떻게 접점을 찾아야 하는가?*

◎ 경제가 발전하면 소비자들은 발전한 만큼 생활이 윤택해져야 한다. 소비자의 입장에서는 좀더 싼 가격에 좀더 좋은 농산물을 사고 싶은 게 당연하다. 농업은 그러한 요구를 충족시킬 책임이 있다. 농산물 시장을 다 닫고 국내에서 생산한 것만 소비해야 한다는 논리

는 소비자 입장에서 수용하기 어렵다. 그러나 농업이라는 부문은 여러 특수성을 가지고 있기 때문에 개방이 완만하고 유연하게 이루어져야 한다. 소비자들의 식생활도 중요하지만 농가의 소득과 삶도 중요하기 때문이다. 농가들의 삶을 담보로 소비자들만 좋아지면 안 된다. 따라서 농가는 자구적인 노력을 통해 경쟁력을 키워 나가고, 정부는 소득보전을 통해 시장개방의 충격을 완화시키는 역할을 담당해야 한다.

• *농업은 시장논리로 접근할 수 없는 비교역적 가치, 즉 다원적인 기능을 가지고 있다.*

◎ 맞다. 정부의 지원은 농가소득을 보전하기 위한 목적도 있지만 동시에 농업생산을 일정 부분 유지시키려는 목적도 있다. 식량안보, 지역사회의 유지, 환경 및 국토의 보전, 홍수 방지, 문화와 전통의 계승, 도시민에 대한 안식처 제공 등은 국가 전체적으로 필요한 다원적 기능 때문이다. 따라서 농촌이 적절히 유지되어야 하고 그런 의미에서 소득보전이 필요하다. 그것은 사실 도시민들이 낸 세금이다. 그것의 정당성은 바로 이 같은 농촌의 다원적인 가치에서 찾을 수 있다.

• *농림부는 지난 10년 동안 농업인프라가 개선되고, 전업농 중심으로 구조조정이 진전된 효과가 있다고 하는데?*

◎ 농업생산이 양적으로 늘었고 품질도 고급화되었다는 측면에서 상당한 효과가 있었다고 본다. 이제 어떤 농산물이든지 우리가 사시사철 소비할 수 있게 되었다. 품질 좋은 농산물을 1년 내내 더 싼값에 먹을 수 있게 되었다는 것은 우리 나라 농업이 분명 발전했음을 의미하고 이로 인해 소비자들의 식생활이 더 윤택하게 되었다. 구조적인 측면에서는 3ha(약 9,000평) 이상의 전업농이 경작하는 면

적이 10년 전 전체 면적의 6~7%에서 20%로 높아졌다. 전업농 쪽으로의 경지집중이 3~4배 이상 높아져 구조조정 면에서도 나름대로 상당한 성과가 있었다. 하지만 농산물 가격이 떨어지고 IMF 위기를 거치면서 비료, 농약, 농기계 등 각종 자재비용이 굉장히 올라 농가소득이 줄 수밖에 없게 되었다. 그런데 농업이 경쟁력을 갖는다는 것은 결국 국내농산물의 가격과 국제 농산물 가격과의 차이를 줄여가는 것이기 때문에 가격하락은 경쟁력이 향상되어 가는 과정에서 나타나는 필연적인 현상이기도 하다.

쌀은 가급적 자급률 유지해야

• *그러나 구조조정과정에서 농업취업자가 일자리를 잃게 되는 점과 농촌의 빈부격차 등의 부작용이 우려되고 있다.*

◎ 어느 나라 어느 산업이나 결국은 규모화로 간다. 우리 농업도 규모화 · 전문화로 가는 것은 맞다. 하지만 도식적으로 0.5ha 이하는 안 되고 모든 농가가 3ha나 5ha 이상을 경작하는 형태로 가야 한다는 것이 구조조정이라고 보는 것은 오해다. 개방으로 인해 농산물 가격이 떨어지고, 그 과정에서 3ha 이상 농가의 면적이 지금처럼 자연스럽게 20%로 늘어나는 것이 구조조정이다. 다만 시장에만 맡기면 시장개방의 충격이 일시에 너무 클 수 있기 때문에 직접지불제가 필요한 것이다.

소득 5분위 배율(상위 20% 계층의 소득을 하위 20% 계층의 소득으로 나눈 것으로 소득분배의 불평등 정도를 나타냄)로 볼 때, 지금 농촌의 소득격차는 7배나 난다. 5.4배인 도시에 비해서도 상당히 높은 격차다. 농촌문제가 정치적인 문제가 되고 농민운동이 격렬한 것에는 이러한 원인도 있다. 잘 되는 농가들은 잘 되고 있지만 다수 농가들의 소득이 감소하고 부채가 늘어나고 있다. 그것이 직불제에 의해서 어느 정도까지 해결될 수 있느냐가 문제다. 기초생활보장제를 확실히 하고 의료 · 연금보험에 대해서 정부가 확실한 지원을 해 하위계층의 사람들도 농촌지역에서 나름대로 생활을 유지할 수 있게 해 주어야 한다.

• *식량안보를 걱정하는 목소리도 높다. 세계적으로 식량파동이 있었던 지난 1972~1973년에 쌀과 밀의 가격이 각각 300%, 200% 이상씩 올랐다. 이렇듯 농산물 가격이 생산량에 따라 민감하게 등락하는데, 현재 우리 나라 식량자급률은 30% 정도이고 이도 쌀을 제외할 경우 5%에 불과하다.*

세계 식량시장이 비탄력적인 것은 사실이다. 쌀을 보더라도 국제가격이 2년 전 만해도 톤당 250~270달러였는데 지금은 500달러가 넘는다. 국제가격이 2년 사이에 2배나 올랐다. 주 요인은 세계시장에서 그렇게 많은 비중을 차지하지 않는 호주가 대가뭄이 들었기 때문이다. 이렇듯 농산물 시장의 등락이 1~2년 사이를 예측할 수 없게 불안요인을 가지고 있는 것이 사실이다. 따라서 옥수수, 보리, 귀리 등 사료곡물들의 가격이 급등락 했을 적에 어떻게 안정적으로 수입할 수 있도록 할 것이냐를 고민해야 한다. 선물시장, 외국과의 장기계약 등의 다양한 방법들은 활용해야 할 것이다. 정작 중요한 것은 쌀인데 우리가 전적으로 수입에 의존한다는 것은 굉장히 불안하다. 그래서 가능한 쌀의 자급률이 떨어지지 않도록 노력해야 하고 금년의 쌀 협상이 중요하다. 그런데 쌀도 시장개방이 협상을 통해 가능한 서서히 진행되도록 하고 규모와 경쟁력을 키워 나가는 노력을 꾸준히 하면 쌀의 자급률이 급격히 떨어지리라 보지는 않는다. 쌀의 국내소비량이 줄고 있기 때문에 협상을 잘해서 외국쌀이 급격히 들어오는 상황만 막을 수 있다면 비관적이지 않다.

소비자 선택결과로 자급률 유지해야

• *일본은 식량자급률의 목표치를 설정해 이를 법제화했다. 쌀의 자급률을 유지하기 위한 방안으로 자급률 법제화를 시행하는 데에 관해서는 어떻게 생각하나?*

◎ 일본이 법제화한 자급률은 칼로리(kcal) 자급률이다. 우리는 국내에서 공급되는 칼로리가 50% 정도다. 일본은 50%가 좀 안 되니까 그것을 높이겠다고 하는 것인데 그렇다고 해서 구체적인 수단은 없다. 굉장히 선언적이다. 소비자들이 국산농산물을 신뢰하고 선호한 결과로서의 자급률이 되어야지, 자급률을 목표로 소비자의 식생활이 담보되는 것은 바람직하지 않다. 우리가 노력해서 소비자가 우리 농산물을 먹도록 함으로써 칼로리 자급률이 50%는 유지되어야 할 것이다.

• *학교 급식법을 개정해 우리 농산물에 대한 소비를 늘리자는 의견도 있다.*

◎ 현재 학교 급식의 식단이나 원료구입이 건강을 중심으로 하지 않고 싼 농산물을 이용한 비용절감 중심으로 이루어지는 측면이 많다. 업자들이 급식사업을 한다거나 학교에서 제한된 예산을 가지고 급식사업을 하는 측면이 많다 보니 싼 농산물을 쓰게 되고 그 결과 저가의 수입농산물을 쓰게 된다. 따라서 급식예산을 늘리고 원료나 식단을 짜는 데 학부모들이 주도적으로 참여하게 해서 아이들의 건강을 위해 좋은 농산물을 쓰게 했으면 한다.

119조 원, 농촌유지 · 유통인프라에 지원해야

• 정부가 지난 10년 동안 중앙정부에서 투 · 융자 했던 62조 원 규모의 2배 수준인 119조 원을 농업과 농촌에 투 · 융자하기로 했는데 이 엄청난 돈을 어떻게 활용해야 하나?

◎ DDA 협상이 내년이나 후년에 시작될 것이고 금년에 쌀 협상이 끝나면 세계 각국과 FTA가 계속 맺어질 것이다. 앞으로 외국농산물이 더 많이 들어오고 가격은 더 떨어질 것이다. 따라서 119조 원이라는 돈은 농가들의 소득을 보완해 주는데 최우선적으로 써야 한다. 협상결과에 따라 농산물 가격이 많이 떨어져 연간 소득보전직불액이 수조 원씩 늘어난다 할지라도 마찬가지다. 그래야 농가경제가 안정되고, 사회가 안정되고 농업의 다원적 기능도 유지가 된다.

두 번째는 산지유통이다. 농산물을 싸게 생산하는 것보다 도시 소비자들에게 1년 내내 균일한 농산물을 공급하는 일이 더 중요하다. 소비자들은 품질이 균일해 안심하고 사 먹을 수 있으면 값이 비싸도 사 먹는다. 생산된 농산물의 조직적인 유통을 통해 균일하고 안정된 품질로 공급될 수 있도록 유통시스템을 만드는 데 주력해야 할 것이다.

그 다음에는 소비자에게 안전한 농산물을 제공하기 위해 식품의 안전성을 검사하고 보증하는 시스템이 마련되어야 한다. 이러한 감시체계를 마련하는 데도 정부가 힘을 쏟아야 할 것이다.

• 이번에 발표된 여러 농업지원대책을 살펴보면 농가의 사회복지적인 측면까지 신경 쓰는 등 다양한 대책을 넣었다는 인상을 받는다.

◎ 너무 충분하다는 생각이 든다. 그래서 좋다는 이야기는 아니다. 나는 그것을 농업정책의 설계주의라고 하는데 너무 세세한 데까

지 정부가 다 나서서 하려고 한다. 그러다 보면 정책의 부실가능성이나 시장의 왜곡가능성이 발생한다. 소득을 보전해 주고 유통인프라를 구축하고, 안전한 농산물 공급시스템을 마련하는 일 등 몇 가지 기본적인 것만 정부가 나서서 하고, 나머지는 농가와 농가, 산지와 산지가 서로 경쟁을 통해 경쟁력을 키워갈 수 있도록 해야 한다. 경쟁력을 키우기 위한 "선택과 집중"에서 선택되는 대상은 시장에서 결정되도록 하고 정부는 "정책의 선택과 집중"을 해야 한다.

• *평생을 농업정책연구에 매진해 왔는데, 한국 농업이 희망적이라고 보는가?*

◎ 우리 나라 농업은 앞으로 다양한 농가가 존재하는 형태로 갈 것이다. 그 속에는 규모화된 농가, 소규모지만 고부가가치 농산물을 생산하는 농가, 중국 등지에 농산품을 수출하는 농가들이 공존할 것이다. 다만 문제는 그렇게 가지 못하는 농가가 많다는 것이다. 이러한 농가들 대부분이 소득이 낮고, 부채를 가지고 있다. 농업문제가 어렵다는 것은 바로 이러한 농가의 문제이지 산업으로서의 농업 전망이 어두운 것은 아니다. 이미 우리 농업은 경쟁력을 갖추어 나가고 있다. 구조조정과정에서 탈락하는 농가들에 대한 대책을 충분히 하고 잘 되는 농가는 계속해서 경쟁력을 높여 나간다면 산업으로서의 농업은 분명 희망을 가지고 있다.

세계화와 농업: 역사의 비판이 두렵다

시장개방 두려워만 할 것인가

농민신문(2004. 7. 5)

지금 쌀 관세화 유예연장을 위한 협상이 숨가쁘게 진행되고 있고, DDA 협상에서는 관세와 보조금 감축을 둘러싸고 치열한 논쟁이 벌어지고 있다. 또한 FTA도 줄을 이어 기다리고 있다. 우리는 모두 두려움과 근심에 쌓여 숨을 죽이고 협상 추이를 지켜보고 있다. 협상이 끝나면 값싼 외국 농축산물이 물밀듯이 밀려와 우리 농축산물은 설 땅을 다 잃게 되는 것 아닌가 하고 말이다.

그러나 우리 나라 주요 농축산물의 실행관세율은 고추, 마늘, 양파 등 몇 개 품목을 제외하면 대체로 20~40% 정도에 지나지 않는다. 관세가 큰 폭으로 감축된다고 하더라도 수입농산물의 가격을 연간 15~30% 정도 하락시키는 효과를 갖게 될 뿐이다. 그런데 가락동 도매시장의 채소나 과일 경락가격을 보면 등급에 따라 가격 차이가 4~5배나 난다. 상품의 품질에 따라 소비자의 지불의사에는 엄청난 차이가 있다는 것이다. 이렇게 보면 수입농산물의 관세인하를 걱정할 것이 아니라 과연 우리 농산물의 품질과 이에 대한 소비자 신뢰도가 수입품보다 높을 것인가, 도리어 낮은 것은 아닌가를 걱정해야 한다.

소비자 신뢰를 얻으려면 균일한 품질의 농산물을 소비자가 원하는 때에, 원하는 곳에 연중 공급할 수 있어야 한다. 아무리 품질이 좋더라도 소비자가 이를 상품으로 인식할 수 없다면, 품질이 일정하지 못하거나 원하는 때에 살 수 없다면 의미가 없다. 산지유통혁신이 시장개방에 대응한 가장 중요한 대책의 하나라는 이유가 여기에 있으며, 농협개혁이 절실한 이유도 바로 여기에 있다. 산지유통혁신에 게으른 지역 농협이 신용사업과 중앙회의 지원에 의존해 온존한다면 산지유통을 혁신하기는커녕 도리어 발목을 잡을 수도 있기 때문이다.

그래도 의문은 남는다. 쌀과 고추, 마늘 등은 국내외 가격 차이가 매우 큰데 품질과 소비자 신뢰로 수입품과 경쟁할 수 있을까? 그러나 국내외 가격 차이가 곧 생산효율과 비용의 차이를 의미하는 것은 아니라는 것에 주목해야 한다. 쌀의 경우 중국산의 가격은 80kg 한 가마당 3만 원 수준이지만 우리 나라 쌀 생산농가도 반은 4만 원 이하의 경영비를 들여 생산한다.

생산규모가 작고 임차료가 비싸기 때문에 가격이 높아졌을 뿐이다. 규모가 서서히 확대되고 임차료가 하락할수록 가격경쟁력도 그만큼 향상될 것이다. 그 사이에 소득보전장치를 마련해 경영을 안정시켜야 함은 물론이다.

여기서 오해하지 말아야 할 것은 규모확대로 생산비를 미국처럼 낮출 수 있다는 뜻이 아니라는 것이다. 규모를 확대하면 생산비도 낮아지지만 그보다는 그만큼 농가의 소득규모가 늘어나 영농을 계속할 수 있는 조건을 갖추게 된다는 데 의미가 있음을 잊지 말아야 한다.

또 한 가지 오해는 우리 나라는 농지가격이 높아서 생산비가 비싸고 가격경쟁력을 갖기 어렵다는 생각이다. 그러나 임차료는 농지가격과 관계 없이 수익성에 따라 결정되며 농지가격과 생산비는 직접적 관계가 없다. 농지가격이 아주 비싼 대도시 근교의 임차료가 순수 농촌지역보다 높지 않고, 이 곳에서 생산되는 농산물의 가격경쟁력이 결코 낮지 않다는 현실이 이를 잘 반증하고 있다.

시장개방은 두렵다. 그러나 우리가 과연 현실을 냉철히 인식하고 문제를 풀어 갈 준비가 되어 있는가, 이것을 더 두려워해야 한다.

세계화와 농업: 역사의 비판이 두렵다

농업, FTA 걸림돌 아니다

한국경제(2005. 1. 7)

자유무역협정(FTA)이 중요한 국가발전전략이 되고 있다.

그러나 한 · 칠레 FTA에서 보았듯이 농업문제 때문에 FTA를 추진하는 것이 용이하지 않을 것으로 예상되는 가운데 전혀 상반된 견해가 있다. 먼저, 농산물은 관세가 높아 파급영향이 너무 크므로 FTA를 수용할 수 없다는 입장이다. 그러나 상황을 좀더 냉철히 볼 필요가 있다.

관세가 100%를 넘는 품목이 25여 개이나 그 중 고추, 마늘, 양파 등 부가가치액이 큰 몇 개 품목과 관세화가 안 된 쌀을 제외하면 나머지 고율관세 품목의 부가가치 규모는 1조 원 정도로 농업총부가가치의 5% 내외에 지나지 않는다.

또한 대부분 채소, 과일, 축산물의 관세는 20~40% 수준이므로 관세철폐에 의한 수입가격 하락률은 15~30% 정도에 머무를 것으로 추정된다. 그런데 이들 농산물은 같은 국내산도 산지나 품질에 따라 도매가격이 몇 배나 차이가 날 만큼 소비자가 품질에 민감하므로 소비자의 신뢰도를 얼마나 확보하느냐가 관건이고 관세는 생각만큼 중요하지 않을 수도 있다.

또한 현재 주요 과일과 축산물은 관세보다 검역문제로 수입이 규제되고 있으므로 FTA와 관계 없이 검역협상에 따라 수입이 결정될 가능성이 높다. 그뿐만 아니라 DDA 협상결과에 따라 대부분 농산물의 관세는 큰 폭으로 감축되고 저율관세로 수입되는 관세할당량(TRQ)도 늘어날 전망이다. 따라서 FTA의 파급영향은 생각하는 것보다 적을 수도 있다.

이상의 사실을 고려하면 쌀과 관세가 높으면서 부가가치 규모가 큰 일부 농산물에 대해 특별취급조치를 확보하고, 직접지불제 등을 통해 소득안정대책을 수립하면 농업문제는 생각하는 것보다 크지 않을 수도 있다.

이에 대해 FTA를 적극 추진하고 농업문제는 구조개선정책으로 풀어야 한다는 주장이 있다. 그러나 노동시장의 경직성으로 농업구조조정은 어느 나라에서나 시간이 매우 오래 걸린다는 사실을 이해할 필요가 있다.

현재 우리 나라 농업취업자는 50%가 60세를 넘었고, 90%가 40세를 넘어 전직 능력을 상실한 데다 대부분이 농업수입으로 생활비를 조달하고 있다. 따라서 농업여건이 악화되어 소득이 감소하더라도 이에 저항하며 계속 농업에 종사할 가능성이 매우 높다.

즉, 짧은 기간에 획기적인 구조변화를 기대하기는 어렵다. 또한 많은 사람이 농업구조조정이 시장의 힘에 의해 우리가 생각하는 것보다 훨씬 빠르게 진행되고 있다는 점을 간과하고 있다.

10년 전에는 3ha 이상의 대농이 전체 농지의 6%를 경작하였으나 최근에는 20% 이상을 경작하는 반면, 0.5ha 이하의 소농은 40% 이상을 차지하지만 전체 경지의 13%만을 경작하는 데 그칠 만큼 농업구조가 변화하고 있다.

문제는 대농도 급격한 규모확대과정에서 농지, 기계 및 설비확충에 투자를 많이 한 결과 부채가 늘어나 경영여건이 악화될 경우 경영이 위태롭게 될 수도 있다는 점이다. 따라서 농산물 시장개방으로 경영여건이 급격히 악화되지 않도록 하여 고령 농업취업자는 서서히 은퇴하고 대농은 안정적으로 규모를 확대해 연착륙할 수 있도록 해야 한다.

한 · 칠레 FTA는 피해규모와 보상방법, 그리고 유예조치를 확보해야 할 것 등에 대한 검토가 부족한 가운데 추진하다 농가의 거센 반발에 부딪히자 "국가적 이익이 중요하다" "농업도 구조조정해야 한다"는 등의 논리로 돌파하려 하였다. 그 결과 '이해관계의 문제'가 '농업의 가치 논쟁'으로 비화하고 나아가 '감정문제'로 발전해 필요 이상의 갈등과 혼란을 초래하였다.

모두가 이상과 같은 사실에 대한 이해를 공유하여 농업인은 FTA에 대한 막연한 공포심을 극복하고, 정부는 세밀한 협상안과 국내대책을 준비하면 우리 나라에서도 동시다발적 FTA 추진이 불가능할 이유가 없다.

세계화와 농업: 역사의 비판이 두렵다

피해액에 대한 집착에서 벗어나려면

농민신문(2006. 2. 24)

한 · 미 FTA를 위한 협상이 시작되어 농업계는 유례 없는 불안감에 빠져 있다. 그러나 불안감을 딛고 서서 매우 냉철하게 현실을 직시하여 현명하게 대응하지 않으면 돌이킬 수 없는 우를 범할 수 있음을 명심해야 한다. 우선 사람들의 관심이 우리 나라 농업이 얼마나 많은 피해를 입을 것인가에 집중되면서, '피해가 많다고 하는 사람은 우리 편이고, 적다고 주장하는 사람은 적' 이라는 생각이 만연해 있다.

그러나 피해규모가 크다는 것은 어떤 의미를 갖는 것인가를 따져 보자. 첫째, 사람들은 농업의 피해가 많다고 해야 협정체결을 저지하는 명분을 확보할 수 있다고 생각한다. 그러나 농업의 피해가 많다고 주장을 하더라도 비농업부문이 얻는 이득보다 크다고 이야기하기는 힘들다. 물론 쌀의 관세를 철폐하는 경우에는 농업의 피해규모가 너무 커지므로 정부도 당연히 협정체결을 포기할 수밖에 없을 것이다. 따라서 쌀을 예외로 하는 한, 설사 현재 회자되고 있는 피해액 추정치가 상당 폭 수정되더라도 국가발전전략의 차원에서 추진되는 협상의 필요성을 뒤집는 근거가 되기는 어려울 것이다.

둘째, 총피해규모가 국내대책의 규모를 결정하는 근거가 될 수 있다고 사람들은 생각한다. 그러나 총농업예산 규모에 비례하여 농업문제가 해결되는가? 예산은 계산방식에 따라 증액규모가 달라 보이고, 사용방법에 따라 효과가 전혀 달라진다는 것은 지금까지의 경험이 잘 말해 주고 있다. 농업계는 "농촌에 100조 원이 넘는 예산을 쏟아 부었는데 무엇이 달라졌느냐"는 비판에 얼마나 시달려 왔던가. 총액을 얼마나 증액하느냐보다 피해를 본 농가에게 실질적 도움이 되는 곳에 쓰이느냐가 훨씬 더 중요하다는 점을 잊지 말아야 한다.

셋째, 특정 품목을 생산하는 농가입장에서는 그 품목의 피해규모가 크다고 해야 관세철폐에서 예외 또는 유예의 대상이 될 수 있다고 생각한다. 그러나 피해규모에 관한 정보는 그 농사를 계속할 것인가를 결정하는 중대한 정보가 되므로 피해가 사실 이상으로 부풀려지면 여러 가지 부작용을 초래할 수 있음도 잊지 말아야 한다. 2000년 소고기 시장개방을 앞두고 암소를 앞다투어 도축하여 사육농가의 피해는 물론 한우산업의 위축으로 이어졌던 것은 좋은 사례일 것이다. 또한 우리 나라 농산물별 생산규모가 명백히 밝혀져 있으므로 특정 품목의 피해액을 상당 폭 늘리려 해도 피해의 순서를 바꾸기는 쉽지 않다는 점을 유념해야 한다.

그럼에도 불구하고 각 품목단체는 소관 품목의 피해를 크게 하려는 유혹에서 벗어나기 어렵다. 특히, 피해의 추정규모에 따라 지원대책이 결정되리라고 생각하기 때문이다. 피해액에 집착하다보면 결국 단체 간의 갈등요인으로 발전할 우려도 있다.

여기서 정부는, 먼저 예외조치를 받은 농산물을 생산하는 농가와 그렇지 않은 품목을 생산하는 농가에 돌아가는 혜택이 균형을 이루도록 해야 한다. 즉, 예외조치로 국경보호의 혜택을 받는 품목은 그만큼 국내대책의 혜택이 적어지게 해야 한다. 동시에 품목별 지원규모가 피해 추정규모에 따라 사전에 결정되어서는 안 된다. 피해액의 추정은 많은 불확실성과 오차를 내포할 뿐만 아니라 피해액 늘리기 경쟁을 촉발하기 때문이다.

이런 조건을 만족시킬 가장 좋은 방법은 농가단위의 소득보전직불제도를 도입하는 것이지만 현실적으로 당장 도입하기는 어렵다. 그렇다면 차선책은 품목별로 균형 잡힌 소득보전제도를 폭넓게 도입하는 것이다. 미국, EU, 일본이 오랫동안 이 방법에 의존하여 왔음을 주목할 필요가 있다. 그렇게 되면 농가는 피해액 집착에서 벗어나 생산물의 품질과 안전성, 그리고 유통에서의 경쟁력을 향상시키는 일에 집중할 수 있을 것이다.

세계화와 농업: 역사의 비판이 두렵다

한 · 미 FTA, 조건을 논의하자

문화일보(2006. 3. 7)

지난 2일 한 · 미 FTA 체결에 관한 공청회가 열렸으나 농민단체들의 항의 속에 무산되는 현장을 지켜보며 안타까움을 금할 수 없었다. 한편에서 공청회를 하면서 다른 한편에서는 협상시작을 선언한 것은 농민단체들의 주장대로 정부가 각계의 의견을 수렴할 의도는 없이 단지 요식행위로 공청회를 개최하였다는 비난을 받아 마땅하기 때문이다. 농민단체가 과격시위를 자제하고 토론과 협의를 통해 문제를 풀어가기를 기대하던 터라 이 같은 사태는 너무 실망스럽고 안타까웠다. 정부는 신뢰를 잃어버렸을 뿐만 아니라 농민단체의 강경론을 부추겨 반대투쟁을 정당화시키는 명분을 주는 우를 범한 것이다.

물론 정부는 그렇게 할 수밖에 없었다고 이야기할 것이다. 미국 정부가 의회로부터 위임받은 대외협상 권한이 내년 7월까지이므로 정부는 4월까지 협상을 마쳐야 한다는 시한에 쫓기고 있을 것이다.

되도록 빨리 협상을 시작하여 협상시간을 충분히 가져야 유리한 협상결과를 이끌어 낼 수 있다고 생각했을 것이다. 또 설사 협상시작 여부를 묻는 논의를 하더라도 시간만 가고 합의는 이루어지지 않아 결국 아무런 소득도 없이 협상시간만 줄어들게 된다는 판단을 했을 수도 있다. 그런 판단을 한 데는 농민단체에 대한 불신이 깔려 있고 거기에는 농민단체의 책임도 크다고 할 것이다.

그런 사정을 감안하더라도 한편에서 의견수렴을 한다고 공청회를 하면서 다른 한편에서는 협상개시를 선언하였다는 것은 정당화될 수 없다. 정부는 이 점에 대해 분명히 해명하여 신뢰를 회복하여야 한다.

그러나 농민단체가 이것을 이유로 협상을 전면 반대하고 또다시 투쟁에 나서는 것은 결코 현명한 선택이 아니다. 비록 정부의 처사에 문제가 있지만 협상개시가 곧 타결을 의미하는 것은 아니므로 농가의 이익이 최대한 반영된 협상이 이루어지도록 온 힘을 경주하여야 한다. 반대만 하면 정부가 지원대책을 알아서 늘릴 것이므로 손해날 것 없다는 생각을 한다면 대단히 위험하다. 이번 협상은 다른 어떤 협상보다 파급영향이 광범위하고 복잡하므로 품목별 파급영향을 세세히 따져, 이해당사자로서 각 분야별 협상조건을 제시하고 이를 관철시키도록 해야 한다. 반대투쟁에만 매달리면 또다시 인명피해는 발생하고 정작 챙겨야 할 것은 얻지 못한 가운데 협상은 타결되어 훗날 후회하게 될 가능성이 매우 높다. 농민단체는 이번에 협상의 원천 반대가 아닌 협상조건에 관한 협의를 선언하여 국민적 지지를 받고 실리를 챙겨야 한다.

한편, 정부는 다음과 같은 세 가지 원칙을 선언하여 이에 화답하기 바란다. 첫째, 피해가 특별히 큰 품목에 대해서는 예외조치를 확보하고 피해농가에 대해서는 분명한 소득보전제도를 마련하여 대응한다. 둘째, 전직을 희망하는 농업인에게는 부채정리, 교육훈련 및 취업지원으로 실직의 위험을 제거한다. 셋째, 농민단체와 충분한 협의를 통해 협상조건과 국내대책을 결정한다. 만약 정부가 이 원칙만 충실히 이행한다면 한 · 미 FTA의 파급영향은 농업인이 두려워하는 것보다 훨씬 적어질 것이다.

또한 언론계와 학계 등은 국가적 이익을 위해 농업인이 양보해야 한다든지 피해를 보상하는 것은 형평성에 맞지 않는다는 주장으로 피해보상에 관한 논의가 가치논쟁으로 발전하고 드디어 감정문제로 비화되지 않도록 절제하기 바란다. 한 · 미 FTA에 의해 발생하는 14조 원의 국가적 이득 중 일부를 사용하여 피해를 보는 농업인의 소득을 보전하는 것은 경제학적 정당성을 가지고 있다. 후생경제학은 정책의 변화로 발생하는 이익의 일부를 손해 보는 사람들에게 배분하여 그 변화를 수용하도록 할 수 있어야 정책변화의 정당성이 있다고 하지 않았는가? 이익을 본 사람에게서 그 이익에 비례하여 돈을 걷어 손해에 비례하여 배분하는 일이 현실적으로 어렵지만, 정부 재정으로 농업인들이 이 큰 변화를 수용하게 함으로써 우리 나라가 '선진통상국가'로 갈 수 있다면 왜 마다 할 것인가?

세계화와 농업: 역사의 비판이 두렵다

한국 농업 · 농촌에 미래가 있는가?

한겨레 이코노미 21(2006. 5. 22)

GATT, WTO 그리고 FTA로 이어지는 세계화의 흐름 속에 농산물 무역의 자유화 역시 보편적 원칙으로 굳어졌고, '선진 통상국가' 비전이 우리 나라의 국가적 발전전략이 된 이상 한국 농업도 무역자유화의 대열에서 예외일 수 없게 되었다. 문제는 과연 세계화와 한국 농업이 공존할 수 있을 것인가? 이다.

일부에서는 한국 농업도 기업화되어 경쟁력 있는 신상품을 개발하면 자동차, 전자산업 제품과 같이 세계로 뻗어 나갈 수 있다는 장밋빛 꿈을 꾸고 있는 반면, 다른 한편에서는 외국 농산물이 물 밀 듯이 들어와 한국 농업은 겨우 명맥만을 유지하게 되는 비극을 두려워하고 있다. 이 두 가지 허상에서 벗어나려면 현실을 정확하게 직시해야 한다.

먼저 경쟁력 있는 농산물과 사람을 선택적으로 지원하면 빠른 시간에 신상품과 새로운 인력을 중심으로 한국 농업이 재편되리라는 생각은 꿈일 뿐이다. 왜냐하면, 가령 현재 수출경쟁력이 있다는 파프리카 같은 신상품은 부가가치나 고용규모가 한국 농업의 0.1~0.2% 수준을 넘지 못하므로 연간 10% 이상의 고속성장을 한다 해도 10년 후 한국 농업에서 차지하는 비중이 1%를 넘기 어렵기 때문이다. 또한 현재의 대다수 농업인은 중 · 고령 인력이므로 농사 이외에 다른 선택이 없고 그래서 강인하게 농업에 천착할 수밖에 없다. 따라서 설사 한국 농업이 새로운 인력과 신상품 중심으로 재편될 수 있다고 하더라도 그것이 우리가 지금 안고 있는 농업문제를 해결해 주지 못한다. 그래서 농업문제는 '시간과의 싸움'이고 '고용의 문제'라는 인식이 중요하다.

그러나 동시에 세계화에 대한 두려움에는 상당한 거품이 있다. 첫째, WTO는 물론 세계 모든 FTA는 각국의 민감농산물에 대해 상당한 예외 또는 유예 등의 신축성을 부여하고 있으므로 그 가능성을 활용하는 것은 우리의 협상능력과 노력에 달렸다.

둘째, 우리 나라 대부분 농축산물의 관세는 20~40% 수준이므로 관세감축에 의한 수입농산물의 가격하락률은 30%를 넘지 못할 것이다. 같은 국내산 농산물도 그 품질에 따라 가격이 5~6배나 차이가 나는 현실을 생각하면 이 정도의 가격하락은 소비자 선호와 신뢰로 충분히 극복할 수 있을 것이다. 물론 관세가 100%를 넘는 농산물이 28개나 되지만 그 중 고추, 마늘, 양파 등 몇 개 품목과 관세화가 안된 쌀을 제외하면 나머지 품목의 부가가치 규모는 농업총부가가치의 5%를 넘지 못하므로 관세감축의 영향은 우려하는 만큼 크지 않을 것이다.

셋째, 우리 농산물의 가격경쟁력이 낮은 것은 농업의 생산성이 낮기 때문만은 아니다. 경영규모가 영세한 농가의 소득을 유지시키기 위해 높은 관세로 국내농업을 보호한 결과 국내시장가격이 높아진 것이므로 앞으로 가격경쟁력이 향상될 가능성은 충분히 크다. 이상의 사실을 고려하면 DDA가 타결되고 FTA가 확대되더라도 우리의 노력에 따라 농업에 미치는 영향을 적절한 수준에서 조정하면서 세계농업과 경쟁해 나갈 수 있을 것이다.

그러나 간과하지 말아야 할 것은 이러한 경쟁력 확보 노력만으로 농업문제가 해결되기는 어렵다는 것이다. 그래서 모든 선진국은 경쟁력 향상과 더불어 매우 두터운 농가소득안정제도를 가지고 있다. 우리 나라도 앞으로 농가의 소득안정을 도모하는 데 정부의 역량을 집중해야 할 것이다. 요컨대, 세계화의 필연과 농업의 현실을 조화시키려면 '구조조정을 파는 농정'에서 '농가소득 안정을 파는 농정'으로 바뀌어야 한다.

한편, 이제 농업과 농촌은 '건강을 파는 산업', '시간을 파는 산업'으로 탈바꿈해 나가야 한다. 앞으로 건강을 지키면서 즐겁게 시간을 보내는 것이 삶의 질을 결정하는 가장 중요한 요소가 되어, 건강과 시간을 파는 산업이 첨단산업 못지않은 고부가가치 산업이 될 것이기 때문이다. 우리 농업이 건강한 식생활을 보장하는 산업으로 소비자의 확실한 신뢰를 받을 수 있다면 수입농산물은 물론 의료·건강용품 산업과 경쟁하는 산업이 될지도 모른다. 또한, 우리 농촌이 도시민이 즐겁게 찾아오는 공간이 된다면 수입농산물은 물론 도시의 레저·스포츠산업과 경쟁하는 고부가가치 산업이 될 수도 있을 것이다. 따라서 모든 정책은 국내농산물의 안전성을 확실하게 보장하고 농촌을 아름답고 쾌적하게 가꾸는 데 초점을 맞추도록 개혁되어야 한다.

세계화와 농업: 역사의 비판이 두렵다

쓸개 없는 여인의 교훈

농민신문(2006. 6. 12)

집안에 담석증이 심한데다 담낭암(쓸개암)으로 발전할 위험성이 있는 환자가 있었다. 그 환자가 최근 쓸개를 제거하는 수술을 받고 불과 1주일 만에 건강한 모습으로 나타난 것을 보고 현대의학의 힘에 감탄한 적이 있다. 전신을 마취하여 오장육부가 가사상태에 빠지게 한 후, 장기의 하나를 떼어냈는데도 그렇게 빨리 건강을 회복한 것은, 현대의학의 힘도 컸겠지만 그 환자의 몸이 스스로 조절 · 적응 · 치유하는 능력을 가지고 있었기 때문일 것이다. 사실 의술은 수술부위를 작게 하고 항생제를 투여하여 스스로의 치유능력이 방해받지 않도록 하는 것이 고작이었다고 할 수 있다. 그런데 더욱 신기한 것은, 이 환자는 심한 담석증으로 쓸개가 이미 별 기능을 하지 못하여 다른 기관이 그 역할을 대체하여 왔으므로 이를 제거해도 아무런 영향이 없다는 것이었다. 장기 하나가 없어져도 우리 몸은 거기에 적응한다는 것이다. 수술에 대한 두려움으로 꽤나 망설

였지만 이제 담석통의 두려움은 물론 담낭암의 공포에서 벗어나게 되어 이 환자의 표정이 어느 때보다 밝았다.

한 · 미 FTA가 추진되면서 농업인들은 두려움에 빠져 있다. 그러나 두려움을 딛고 현실을 정확하게 보는 지혜와 용기가 필요하다. 먼저, 관세가 우리 농산물을 보호하는데 실제로 얼마나 큰 역할을 하고 있는지 잘 따져 보아야 한다. 많은 경우 관세의 힘보다 소비자의 입맛과 신뢰가 우리 농산물을 보호하는 힘이란 사실은 수입이 자유화된 일부 과일, 소고기, 그리고 최근의 쌀에서 경험하는 바에서 알 수 있기 때문이다.

또한 농업도 우리 몸과 같이 외부의 충격에 스스로 적응하여 극복하는 능력을 가지고 있으므로 관세가 감축되어도 단순한 예측모델이 추정하는 바와 같이 수입이 늘어나지 않을 수 있다. 그런 힘은 1980년대 말부터 농산물 시장이 급속히 자유화되었으나 사료곡물을 제외하면 지금 우리가 매일 먹고 사는 농산물의 대부분은 우리 농업인의 손을 거친 것들로 채워지고 있는 데에서 잘 나타나고 있다. 그런 의미에서 한 · 미 자유무역협정의 파급영향이란 이미 결정되어 있는 상수가 아니라 우리가 어떻게 대응하고 노력하는가에 따라 결정되는 변수이다.

이러한 사실을 간과하고 관세감축을 저지하는데만 매몰해서는 안 된다. 혹시 관세감축을 막기 위해 저율관세수입물량(TRQ)을 받아 준다든지, 특별긴급관세(SSG)를 양보한다던지 하는 것은 매우 어리석은 일이 될 수 있다. 또한 관세감축의 예외 또는 유예보다 쌀 소득보전직불제도와 같은 소득안정장치를 요구하는 것이 훨씬 현실적이고 실리 있는 대안이 될 수도 있음을 잊지 말자. 요컨대, 현실을 냉철히 따져본 후 관세를 포기하는 대신 다른 협상조건이나 국내대책을 제시하는 용기가 필요할지도 모른다는 것이다.

그런 의미에서 최근 품목단체들이 전문가를 찾아 한·미 자유무역협정이 해당 품목에 미치는 영향에 대한 분석을 의뢰하는 등 현실을 정확히 인식하고 대안을 제시하려 노력하는 것은 매우 획기적인 일이다. 사실 각 품목의 현실과 문제에 대해서는 생산농업인이 가장 잘 알고 있다. 그래서 선진국에서는 협상안과 국내대책방안이 기본적으로 농업인들의 의견을 기초로 하여 만들어지고, 그 과정에서 농민단체들은 매우 분명한 대안을 제시한다는 점을 주목하자.

역사의 비판이 두렵다

농민신문(2006. 7. 12)

지금 서울에서 한·미 FTA를 위한 2차 협상을 하고 있지만 이 협정이 커다란 국가적 손실을 초래할 것이라며 협상 자체를 반대하는 목소리가 높다. 그런 목소리가 우리 협상팀을 독려하고 상대방을 압박하는 효과가 있으므로 정부는 이를 전략적으로 활용하는 지혜를 발휘해야 한다. 그러나 우리 나라가 이제까지 그랬던 것처럼 개방과 무역을 통해 발전해 나갈 수밖에 없다는 것에는 대부분의 사람들이 동의할 것이고, 그래서 미국이란 거대시장을 잘 활용하는 것이 매우 중요하다는 데에도 큰 이의가 없을 것이다. 아마 정부도 그런 생각에서 한·미 자유무역협정을 추진하고 있을 것이고, 그런 의미에서 우리 대부분은 기본적으로 이 문제의 출발점에 대해서는 인식을 공유하고 있다고 생각한다. 그렇다면 반대냐, 찬성이냐를 말하기 전에 우리 나라 각 산업분야별로 과연 얼마나 큰 이득과 손실을 보게 될 것인가를 논해야 한다.

그런데 각 분야에 미치는 영향은 협정내용, 국내외 경제여건 변화, 협정 후의 국내적 노력과 대책 등에 따라 달라지므로 어느 누구도 단정적으로 판단하기 어렵다. 하물며 그 모든 분야의 영향을 종합적으로 통찰하여 국가적 이불리를 혼자서 판단할 수 있는 사람은 더더욱 없다고 생각한다. 예컨대, 대부분 비농업계 인사가 복잡한 국내외 농업현실을 제대로 알지 못하듯 농업계는 반도체산업과 서비스 시장에 대하여 아는 바가 별로 없다. 그런 의미에서 이 단계에서 단정적으로 반대를 말하거나, 조건 없이 찬성을 말하는 것은 오만이며 또 다른 졸속이라고 생각한다. 이것이 '놀부의 박'인지 '흥부의 박'인지를 알려면 정부, 각 분야 전문가, 모든 이해당사자 등이 모두 모여 같이 살펴보고 두드려 보아야 한다. 물론 아무리 두드려 보고 살펴보아도 확실히 알 수는 없을 것이다. 그래서 피해발생시에 대비한 보상 및 안정대책을 같이 논의해야 한다. 그런 논의를 통해 각 산업분야가 이득을 볼 수 있는, 손해를 보더라도 보상을 받아 그 손실을 극복해 나갈 수 있다고 판단되는 조건을 찾아 내야 한다.

반대냐, 찬성이냐는 그 다음이다. 일부에서는 정부가 그런 논의와 판단 없이 졸속으로 협상을 시작하였다고 비판하는데 맞는 말이다. 그러나 세상만사에는 때가 있다. 따라서 우선 기회를 잡고 난 후 그 이불리를 분석하여 최종 결정을 해야 하는 경우가 개인이나 기업경영에도 흔히 있는 일이다. 이제 중요한 것은 이 상황에서 가능한 가장 치밀한 분석과 논의를 통해 각 분야가 수용가능한 조건을 찾아내는 것이다. 그 조건을 앞으로의 협상과 국내대책에서 실현할 수 있다면 협정은 이루어지는 것이고, 그렇지 못하면 협상은 깨지는 것이다.

최대의 이해당사자인 농업계는 누구보다도 더 진지하게 이 작업에 매진해야 한다. 그러나 농업 전체의 영향과 조건을 혼자서 혜량하고 제시할 수 있는 능력을 가진 사람은 없다고 생각한다. 따라서 섣불리 '독약이다, 보약이다', '종말이다, 기회이다'를 말하기보다 각 품목별로 정부, 전문가, 생산농민이 모여 밤을 새워 가며 그 품목의 문제를 분석하고 토론해야 한다. 그런 작업은 외면하고, 한쪽에서는 반대에만 매몰하고 정부는 이를 빌미로 정해 놓은 협상일정에 맞추어 일방적으로 협상을 추진한다면, 협상이 타결되던 결렬되던 이 시대를 책임졌던 우리 모두가 훗날 무책임하고 솔직하지 못하였다고 냉혹하게 비판을 받게 될 것이다. 그것이 두렵다.

세계화와 농업: 역사의 비판이 두렵다

'관세철폐 예외'의 함정

GSnJ 논단(2006. 8. 16)

한 · 미 FTA에 반대하는 목소리가 거세지만 당초 일정대로 9월 초순 미국에서 3차 협상이 열릴 예정이고, 그에 앞서 8월 중순까지 한 · 미 양측은 품목별 양허안을 교환할 계획이라고 한다. 농업인은 이 상황을 엄중하게 바라보면서 현명하게 대응해야 한다.

협정반대 목소리가 정부의 협상력을 키우는 데 도움이 되고 협상팀을 압박하는 효과가 있으므로 반대운동도 중요하고 필요하다. 그러나 농업인은 항상 한 · 미 FTA 협상이 타결되는 상황을 염두에 두어야 하며, 따라서 협정에 반대하더라도 협상을 외면해서는 안 된다. 왜냐하면, 한 · 미 FTA가 어떤 부분에 어떤 영향을 미칠 것인가는 전적으로 협상조건에 달렸기 때문이다. 극단적으로 모든 농산물의 관세를 즉시 철폐한다면 감당할 수 없을 정도의 영향이 나타나겠지만, 반대로 모든 농산물이 관세철폐 대상에서 제외되거나 매우 긴 유예기간을 확보한다면 한 · 미 FTA의 영향은 염려할 필요가 없을 것이다. 실제 협상은 그 중간 어디에서 타결될 것이므로 이번 양허안의 교환은 거기에 이르는 첫걸음으로서 의미가 매우 크고 중요하다. 최근 품목단체들이 스스로 파급영향을 분석하고 간담회와 토론회 등에 참석하여 정부와 진지하게 협상안을 논의하는 것은 우리 농업과 농업인을 위해 매우 다행이라고 생각하나, 앞으로 양허안을 만드는 데 농업인은 좀더 냉정해지고 정부는 더욱 솔직해져야 한다고 생각한다.

최근 토론회에서 정부가 33개 중요 농산물을 '관세철폐 예외' 품목으로 하겠다는 의사를 밝힌 것으로 일부 언론에 보도되었다. 33개 품목의 생산액이 총농업생산의 90%라 하니 결국 거의 모든 농산물을 예외로 하겠다는 것이어서 매우 놀랐으나 다행히 발표내용을 잘못 이해한 데서 비롯된 오해라고 한다. 그러나 정부는 앞으로 농업인들의 요구라는 이유로 현실성이 전혀 없는 양허안을 만들지 않도록 해야 한다. 자칫 상대방이 우리 양허안의 진지성을 의심하고 이를 단순한 국내용이라고 치부해 버린다면 우리 스스로 협상력을 약화시키는 꼴이 되기 때문이다. 또한 농업인에게는 과도한 기대를 갖게 하여 앞으로의 협상을 더 어렵게 할 수도 있다.

한편, 농업인은 관세철폐 예외가 결국 일부 소수 품목에 한정되고 그것도 관세할당량(TRQ)를 늘려 주는 조건이 붙게 될 가능성이 높으므로, 도리어 관세철폐를 수용할 수 있는 조건을 찾아 내어 그것을 관철하는 것이 더 현명한 선택일 수 있음을 잊지 말자.

많은 사람들이 관세가 철폐되면 수입원가가 대폭 하락하고 그만큼 국내산의 가격이 하락하여 치명적 영향이 나타날 것으로 생각한다. 그러나 일부 고관세품목을 제외하면 대부분의 축산물, 과일, 채소는 관세가 철폐되더라도 수입원가가 20~30% 낮아지는데 머물

것이다. 이것을 매우 큰 영향이라고 생각할 수도 있지만 2001년 이후 환율하락으로 농산물의 수입원가가 25%나 낮아졌음으로 우리는 최근 4~5년 사이에 이미 관세철폐에 버금가는 수입원가 하락을 경험하였음을 주목해야 한다. 또한 대부분 수입품은 출하기, 맛, 선도, 신뢰도 등에서 국내산과 차이가 있으므로, 그리고 우리의 노력에 따라 그 차이는 더 커질 수 있으므로 국내산을 대체하는 데에는 한계가 있고, 수입원가가 하락한 만큼 국내산 가격이 하락하지 않을 수 있다는 점을 간과해서는 안 된다.

요컨대, 농업인은 현실을 냉정하게 바라보고 정부는 현실을 솔직하게 말해야 '관세철폐 예외'라는 달콤해 보이는 함정에 빠져 실익을 잃지 않을 것이다.

세계화와 농업: 역사의 비판이 두렵다

한 · 미 FTA 협상팀에 전하는 훈수

한경비즈니스(2006. 9. 11)

미국과의 힘겨루기가 이제 본격화되었다. FTA 체결을 위해 양국이 교환한 양허안에 대한 공방이 3차 협상부터 치열하게 전개될 것이기 때문이다. 대부분의 사람들이 예상하듯 농산물에 대한 시장개방문제가 협상의 성패를 가르는 중요한 요소가 될 것이다. 주요 농산물에 대해 적절한 안전장치를 확보하지 못하면 국내적으로 심각한 저항에 부딪히게 될 것이므로 우리 협상팀은 미국측을 설득할 논거를 마련하느라 고심하고 있을 것이나, 단지 우리 농업의 어려움을 호소하는 것은 큰 도움이 안 될 것이다. 그렇다면 무엇으로 미국측을 설득할 것인가?

첫째, 한국과의 자유무역협정으로 미국 농업이 얻게 될 무역전환효과에 의한 이득을 주지시키는 것이라고 생각한다. 우리 나라는 연간 98억 달러 상당의 농축산물을 수입하고 있으나 이 중 미국의 점유율은 20% 정도에 머무르고 있고 그것도 하락 추세를 보이고 있음에 주목할 필요가 있다. 이것은 미국 농업의 경쟁력이 남미나 호주에 밀리기 때문인데, 만약 미국이 한국과의 자유무역협정으로 경쟁력의 약점을 보완하여 시장점유율을 5%만 높이더라도 미국 농업은 연간 5억 달러의 수출증대를 기대할 수 있게 된다.

가령, 현재 거의 전부 수입에 의존하는 사료용 옥수수의 경우, 저율관세쿼터(TRQ) 물량에 대해서는 3%의 관세가 부과되지만 이를 초과하는 물량은 무려 328%의 고율관세를 부과하게 되어 있다. 그러나 실제로는 TRQ 물량을 우리 스스로 확대하여 대부분의 옥수수가 3%의 관세만 물고 수입되고 있다. 이렇게 수입되는 옥수수가 연간 12억 달러어치가 넘지만 겨우 3억 달러어치 정도가 미국에서 수입되고 있다. 만약 양허된 TRQ 물량 이상에 대해서는 원칙대로 328%의 고율관세가 부과되고 미국산 옥수수에만 관세가 철폐된다면 미국은 TRQ 이외의 수입물량은 물론 모두 차지하고 TRQ 물량 수출에서도 유리하게 되어 매우 큰 이득을 챙기게 될 것이다.

착유 및 사료용 대두도 거의 전량 수입에 의존하고 있는데 TRQ 물량에는 5%, 그 이상 물량에 대해서는 487%의 관세를 부과하게 되어 있으므로 잘하면 미국은 여기에서도 큰 이득을 얻게 될 것임에 틀림없다. 또한 현재 국내생산이 미미한 유지작물과 식물성 유지류에 부과되고 있는 20~40%의 관세가 미국산에 대해 철폐된다면 앞으로 우리 나라에서 바이오 디젤의 생산이 늘어나는 만큼 미국의 이득은 지속적으로 늘어날 것이다.

이렇게 본다면 미국은 기존의 한국산 농축산물 시장을 잠식하여 얻는 이득과 비교할 수 없을 만큼 큰 이득을 무역전환효과에 의해 얻게 될 가능성이 매우 크다. 따라서 미국은 모든 농산물의 관세를 낮추려고 하기보다 무역전환효과가 극대화되도록 하는데 협상의 초점을 맞추는 것이 미국 농업에 훨씬 이득일 뿐만 아니라, 한국 농업에 주는 충격을 최소화하여 한·미 양국 모두에게 윈윈게임이 됨을 주지시켜야 한다. 이 점을 이해한다면 미국은 무역전환효과를 통해 최대한의 이득을 얻도록 하는 대신 한국의 민감품목에 대해서는 예외 또는 특별긴급관세(SSG)제도를 허용하는 주고받기(give and take)가 충분히 가능하리라 생각한다.

둘째, 미국의 「무역촉진법」이 내년 7월 만료되므로 실질적 협상시한이 4월까지라는 사실이 우리에게 불리하다고 협상팀이 지레 주눅들 필요가 없다고 생각한다. 한국은 세계 10위권의 무역대국이므로 미국이 결코 가볍게 볼 수 없는 큰 시장이고 동북아의 중요한 거점이다. 비록 한국이 먼저 자유무역협정을 요청하였다고 하더라도 도하개발아젠다(DDA)가 기약 없이 표류하고 있는 상황에서 한국과 같은 큰 시장과 자유무역협정을 체결하는 것은 미국에게도 쉽게 놓칠 수 없는 기회라고 생각한다. 더욱이 중국과 동북아에서의 영향력을 다투어야 한다는 정치·외교적 입장을 생각하면 더욱 그러하다. 그런 의미에서 협상시한은 양국 모두에게 약점이자 강점이 된다는 사실을 충분히 이해하고 그 상황을 도리어 유리하게 이용하는 전술적 사고가 필요하다. 가령, 미국과의 자유무역협상이 실패하면 중국이 다음 번 협상 파트너가 될 것이고, 그렇게 되면 무역전환효과에 의해 미국이 큰 피해를 입게 될 것임을 설명하여 미국을 압박하는 것도 중요한 전술이 될 수 있을 것이다.

끝으로, 우리 나라는 농업취업자 한 사람당 연간 1,500달러 정도의 보조금을 주고 있는데 비해 미국은 1만 1,500달러 이상을 지급하고 있음을 상기시킬 필요가 있다. 물론 자유무역협정에서 국내보조금이 협상대상이 될 수는 없지만, 엄연한 보조금 차이를 무시하고 우리의 관세장벽만을 철폐하는 것은 결국 불공정 경쟁을 요구하는 것이라는 우리 나라 농업인들의 이유 있는 반발을 설명하여야 한다. 요컨대, 보조금 차이를 보정할 수 있도록 관세를 유지해 달라는 농업인들의 합당한 주장을 정부가 부정하기 어렵다는 점을 이해시키는 것도 좋은 전술이 될 것이다.

세계화와 농업: 역사의 비판이 두렵다

뱃사공은 내 사정을 모른다

GSnJ 논단 (2007. 2. 27)

대문을 아무리 열심히 지켜도 뒤편에 쪽문이 열려 있으면 아무 소용이 없는데 밤새 대문만 지키고 있다면 어리석다고 할 것이다. 쭉정이 홍단패를 들고 있다가 피박을 쓰면 웃음거리가 되고, 봄이 오면 녹아버릴 강물을 바라보며 노심초사하느라 녹아버린 다음 어떻게 할 것인가를 생각하지 않는다면 안타깝다 할 것이다. 나의 두려움 때문에 더구나 실체가 분명하지도 않은 두려움 때문에 모두가 가야 할 길을 못 가게 되면 두고두고 원망 들을 일인데 이를 헤아리지 못하면 답답하다고 해야 할 것이다.

한 · 미 FTA 협상이 막바지에 이르러 곧 농산물분야에서도 고위급 회담이 열리고 머지않아 최종 결정을 해야 할 순간이 오고 있다. 반대만 하다가 배가 떠나 버리면 정작 중요한 것은 못 챙길 수 있다. 뱃사공(정부)이 챙겨 주리라고 기대하지만 사공은 내 사정을 나처럼은 알지 못한다는 것을 잊지 말아야 한다. 따라서 반대를 외치더라도 한편으로는 하나하나 치밀하게 따져 챙길 것은 챙기고 버릴 것은 버리는 용단을 내려야 한다. 그리고 절대로 내줄 수 없는 것을 정해야 한다. 이것저것 다 챙기려다 알짜는 놓치고 쭉정이를 붙드는 결과가 되지 않도록 정신을 바짝 차려야 한다.

그래서 모두가 진지하게 자문해 보자. DDA에서 어차피 감축될지도 모를 관세율을 지키는 데만 급급하고 있지는 않는지. DDA가 타결되면 소용 없어질 관세할당량(TRQ)관리제도에 집착하고, 큰 실효성 없는 가격기준 특별긴급관세(SSG) 발동을 고집하고 있지는 않는지. 국제수역국(OIE) 판정에 따라 수입하지 않을 수 없게 될지도 모를 뼈조각 소고기의 수입반대에만 집착하여, 그 이후를 제대로 논의하지 못하고 있는 것은 아닌지 생각해 보아야 한다.

또한 한쪽에서 혼합분유와 조제버터가 거의 관세를 부담하지 않고 들어오고 있는데 분유와 버터의 관세만 붙잡고 있는 것은 아닌지. 관세가 철폐되면 수입가격이 얼마나 낮아지고 국내산 가격에 얼마나 영향을 주는지 따져 보는 노력보다는 관세율 유지에만 온 힘을 쏟고 있는 것은 아닌지. 관세감축을 막으려고 할당관세 물량을 늘려주어 수입증가를 도리어 촉진하는 것은 아닌지. 농산물 때문에, 더욱이 소고기 때문에 한 · 미 자유무역협정이 결렬될 경우 두고두고 결렬의 책임을 짊어져야 하는 것은 아닌지도 생각해 보아야 한다.

요컨대, 이해당사자들과 정부는 전문가들과 더불어 우리가 붙잡고 있는 패의 실질적 가치를 냉철하게 계량해 보아야 한다는 것이다. 협상이란 서로의 이익이 어느 정도 균형을 이루어야 타결된다. 따라서 미국에게 우리의 피해가 많다고 주장하기보다 우리에게 가치가 낮은 패를 잘 가려 상대방에게 그 가치를 충분히 설명하여야 한다. 패의 실질적 가치를 정확히 계산하여 버릴 패와 지킬 패를 잘 고르는 편이 승자가 될 것이다.

모두가 패를 고르는 일에 집중하기 위해서는 정부가 분명한 농가소득 안정대책을 내놓아야 한다. 진부한 구조개선과 경쟁력 향상 대책이 아니라 농가소득 감소의 위험을 제거하는 정책 말이다. 그런 대책의 발표는 빠를수록 좋다.

세계화와 농업: 역사의 비판이 두렵다

두려움은 적이다

매일경제(2007. 4. 5)

2박 3일간의 연장전까지 치른 한·미 FTA 막판 협상은 손에 땀을 쥐게 하는 드라마였다. 밤을 새워가며 세계 최강국 미국 대표단과 맞서 싸우는 우리 협상팀의 모습은 감동적이었고, 밤늦은 시간 어두운 거리를 달리며 협상반대를 외치는 시민단체의 시위모습은 우리 가슴을 아프게 하였다. 그 입장은 전혀 달랐지만 모두가 나라를 위하고 걱정하는 것이기에 그것은 우리의 미래를 약속하는 힘이고 에너지라고 해야 할 것이다. 그 힘과 에너지를 합쳐 더 높은 곳을 향해 나아가기 위해 우리가 지금 해야 할 일은 무엇인가?

무엇보다 먼저 타결조건을 냉철히 분석하여 손익을 계량하는 것이다. 이제까지는 찬성과 반대 양측 모두가 타결조건에 대해 일정한 가정을 할 수밖에 없었으므로 그 주장의 근거가 편견에 가까운 경우가 많았다. 이제는 타결조건이 밝혀졌으므로 정확한 계산을 해 보아야 한다. 일방적 반대나 찬성을 외치기보다 엄밀한 분석에 기초한 손익평가를 가지고 과연 협상결과를 수용할 것인가, 거부할 것인가를 논해야 한다.

그런데 문제는 각 분야에 미치는 영향을 어느 누구도 단정적으로 판단하기 어렵다는 것이다. 하물며 그 모든 분야의 영향을 종합적으로 통찰하여 국가적 이불리를 혼자서 판단할 수 있는 사람은 더더욱 없다고 생각한다. 예컨대, 농업전문가가 반도체산업과 서비스시장에 대하여 잘 알지 못하듯, 비농업전문가는 복잡한 국내외 농업현실을 제대로 알지 못할 것이다. 그런 의미에서 누구라도 단정적으로 국가적 손해를 말하거나 이익을 말하는 것은 오만이라고 생각한다. 이것이 '놀부의 박' 인지 '흥부의 박' 인지를 알려면 분야별로 정부, 전문가, 이해당사자 등이 모여 같이 살펴보고 두드려 보아야 한다. 물론 아무리 두드려 보고 살펴보아도 의견은 엇갈릴 수 있다. 그래서 우리가 해야 할 두 번째 일은, 피해발생에 대비한 대책을 마련하여 손해를 보더라도 이를 극복해 나갈 수 있도록 하는 대책을 만드는 것이며 농업부문이 그 첫 번째 대상이다.

한 · 미 FTA가 추진되면서 농업인들은 두려움에 빠져 있고, 농업의 피해를 우려하여 협상을 반대한다는 사람도 적지 않았다. 이러한 두려움과 우려를 불식시킬 수 있는 대책을 마련하지 못하면 아무리 피해가 적다고 설득해도 농업인의 분노를 잠재우기 어려울 것이다. 왜냐하면, 앞으로 세계 최강의 농업대국 미국에서 얼마나 많은 농산물이 밀려와 가격이 어떻게 하락할지 모르는 상황에서는 어떠한 영농계획도 세우기 어렵기 때문이다. 더욱이 피해가 발생하는 경우 그 손실은 고스란히 농업인에게 돌아가게 된다. 따라서 정부는 농산물 수입이 늘어나 가격이 하락하는 경우, 이를 보전하여 주는 제도를 주요 농축산물에 폭넓게 도입하여야 한다. 이러한 제도는 이미 오래 전부터 미국과 유럽 그리고 일본 등에서 시행하여 온 선진국형 농정제도이다. 다만 소득보전이 생산과 연계되지 않도록 해야 하며, 이에 대해서도 선진국들이 가지고 있는 경험을 활용할 수 있을 것이다. 여기서 정부가 명심하여야 할 것은 과거와 같이 구조개선과 경쟁력 향상으로 대응한다는 생각에 머물러서는 안 된다는 것이다. 구조조정과 경쟁력 향상은 정책으로 이루어지는 것이 아니라 시장경쟁을 통한 선택과 탈락을 통해 이루어지는 것이므로 정부의 섣부른 개입은 도리어 시장을 왜곡시킬 뿐이다.

한편, 농업인들은 소득보전대책을 전제로 두려움을 딛고 현실을 냉철히 보는 지혜와 용기를 가져야 한다. 근거 없는 두려움으로 과민반응을 보이는 것은 농업인에게 손실이 되고 농업의 기반을 해치게 된다는 것을 2000년 소고기 수입자유화 때에 경험하였다. 소고기 시장이 개방되면 소 가격이 큰 폭으로 떨어질 것이라는 우려로 암소까지 일시에 도축하여 수입자유화가 되기 수년 전부터 소 가격이 폭락하였다. 그 결과 한우산업 기반은 무너지고 2000년 이후 소 가격이 도리어 급등하여, 소고기 수입을 더욱 유발하는 결과를 초래하였던 것이다. 따라서 이번에도 두려움으로 일시에 소나 돼지를 도축한다면 관세감축 때문이 아니라 과민반응 때문에 가격이 폭락할 우려가 있으므로 매우 신중하게 대응하여야 할 것이다.

그런 의미에서 관세감축이 어떤 영향을 미칠 것인가 잘 따져 보는 것이 중요하다. 한・미 간에 문제가 되었던 농축산물은 대부분 관세가 20~40%이므로, 알려진 대로 10~15년 사이에 점진적으로 관세가 감축된다면 연간 수입가격 하락률은 2~4% 정도가 될 것이다. 지난 수 년간 환율하락으로 수입가격이 연간 4~5% 떨어진 것을 생각하면 관세감축의 영향력은 생각하는 것보다 훨씬 작을 수 있다.

더욱이 소고기는 세이프가드가 설치되어 수입급증 위험을 차단하였고, 포도와 감귤(오렌지)의 경우에는 국내산과 수입품의 출하시기가 달라 관세감축이 국내산 가격에 미치는 영향은 더욱 제한적일 것이므로 성급한 도축이나 폐원 등을 자제해야 한다.

그뿐이 아니다. 대부분의 경우 관세의 힘보다 소비자의 입맛과 신뢰가 우리 농산물을 지켜 왔다. 그 동안 대부분 수입농축수산물의 가격이 국내산과 큰 차이를 보였던 것은 잘 알려진 바와 같고, 같은 국내산도 품질에 따라 가격 차이가 몇 배나 날 만큼 소비자 선택이 맛과 품질에 따라 좌우되고 있으므로 관세감축을 지나치게 두렵게 볼 필요는 없다.

또한 농업도 우리 몸과 같이 외부의 충격에 스스로 적응하여 극복하는 능력을 가지고 있으므로 관세가 감축되어도 단순한 예측모형이 추정하는 바와 같이 수입이 늘어나지 않을 수 있다. 그런 의미에서 한 · 미 자유무역협정의 파급영향이란 이미 결정되어 있는 상수가 아니라 우리가 어떻게 대응하고 노력하는가에 따라 결정되는 변수이다.

이상과 같은 사실은 우루과이라운드와 한 · 칠레 FTA를 거치면서 농산물 시장이 급속히 자유화되고 관세가 감축되었으나 사료곡물을 제외하면 지금 우리가 매일 먹고 사는 농축산물의 대부분은 우리 농업인의 손을 거친 것들로 채워지고 있는 데서 잘 나타나고 있다.

이제 모두가 겸허하고 냉정하게 손익을 계량하여 협상결과를 평가해 보자. 농업인은 두려움을 억누르고 과민반응을 자제하자. 정부는 확실한 소득보전제도를 도입하자. 이것이 지금 우리가 해야 할 일이다.

세계화와 농업: 역사의 비판이 두렵다

소득보전제도에 대한 오해와 두려움

GSnJ 논단(2007. 7. 24)

정부가 한·미 FTA 대책으로 농산물 가격이 떨어지면 이를 보전하여 주는 이른바 농업소득보전제도를 도입한다고 발표한 후, 언론과 전문가들로부터 집중포화를 맞고 있다. 정부가 농업구조를 개선하고 경쟁력을 향상시키는 데 돈을 써야 하는데 퍼주기로 농민들의 불만을 해소하는 일에 급급하고 있다는 것이다.

그런데 정부 대책안을 보면 면적당 조수입이 20% 이상 감소한 경우에만 85%를 정부가 보전하는 것으로 되어 있다. 가격하락으로 조수입이 20% 감소하면 소득은 적어도 30%, 많게는 70%까지 감소하여 농가에 치명적 타격을 줄 수 있는데도 이 제도는 작동되지 않는다는 것이다. 더욱이 국책연구소들의 예측에 따르면 한·미 FTA로 가격이 20% 이상 떨어지는 농산물이 없으므로 이 '퍼주기'가 실제로 실행될 가능성은 거의 없다고 생각된다. 도대체 정부는 왜 이런 정책을 들고 나와 퍼주기 비판을 자초했을까?

아마도 정부는 이 제도가 고령농가를 온존시켜 농업의 구조조정을 저해하지 않을까, 소득보전액이 WTO의 보조금 한계를 초과할 만큼 늘어나지 않을까 두려워하는 듯하다. 그러나 국책연구소들이 이제까지 예측한 피해규모에 의하면, 정부가 가격하락분을 100% 보전하여도 보전액이 그렇게 늘어날 가능성은 거의 없다. 또한 미국과 유럽은 이미 수십 년간 이런 제도를 착실히 시행하면서 가장 성공적으로 구조조정과 경쟁력 향상을 달성하였음을 주목해야 한다. 정부는 막연한 두려움에서 벗어나, 이 제도가 도리어 구조개선과 경쟁력 향상을 위한 것임을 이해해야 한다.

구조개선과 경쟁력 향상은 농가가 새로운 투자를 하고 규모를 확대해야 이루어진다. 그런데 1990년대에 급성장한 시설채소 농업 중 정부의 지원을 받은 면적은 6%에 지나지 않았고, 경영규모를 확대한 농가의 7%만이 정부의 자금지원을 받았다. 요컨대, 경영규모 확대와 시설투자는 정부의 지원으로 이루어지는 것이 아니라 거의 대부분 농가 스스로의 결단과 힘으로 달성된다는 것이다.

농가의 이런 선택과 결단은 미래에 대한 불확실성이 적을 때에만 가능하다. 그런데 지금 농가는 엄청난 불안감에 휩싸여 있다. 앞으로 미국 농산물이 무관세로 수입되면 농산물 가격이 얼마나 떨어질지 도무지 알 수 없기 때문이다. 일부 학자와 농민단체는 한·미 FTA가 체결되면 한국 농업은 끝장이라고 주장하고 있지 않은가. 미래가 이렇게 불확실하고 불투명한데 누가 규모를 확대하고 신규투자를 하겠는가?

미래에 대한 불안감은 투자를 위축시킬 뿐만 아니라 농업이 내부에서 스스로 무너져 버리게 할 수도 있다. 1990년대 후반 소고기 시장개방을 앞두고 불안감에 휩싸인 한우농가들이 앞다투어 암소까지 도축한 결과 시장이 개방되기 전부터 소 가격이 폭락하고 사육두수가 반으로 줄어들었다. 관세철폐 자체보다 농가의 불안감과 과민반응으로 시장이 요동치고 이것이 농업에 더 큰 타격을 줄 수도 있음을 보여 주는 것이다.

따라서 정부가 해야 할 가장 중요한 일은, 설사 농산물 수입이 급증하더라도 그 충격이 일시에 농가를 덮치지 않게 하겠다고 약속하는 것이고, 그것이 소득보전제도이다. 그런 약속이 미래에 대한 불확실성을 줄여 농가가 과민반응을 자제하고 스스로 투자를 결단할 수 있는 여건을 만들어 줄 것이다. 명목소득이 보전되더라도 농가가 현재 정도의 상대소득수준을 유지하려면 물가상승과 국민소득 상승률만큼 매해 새로운 소득기회를 만들어 가야 하는 만만치 않은 도전을 감당해야 함은 물론이다.

쌀 협상의 추억: 이제 쌀 협상문제는 역사에 묻자

쌀 협상 '두 번 실패'는 없어야
최종 선택은 생산농업인의 몫이 되어야
정부 · 농가 '신사협정'을
쌀 협상, 선택의 순간은 다가오고 있다
누가 어떻게 쌀 생산농가의 불안을 제거할 것인가?
쌀 협상전략 다시 짜자
쌀 협상대책 일괄타결을
갈림길에 선 쌀 협상
선택 어려운 쌀 협상 갈림길
쌀 협상, 결과 수용하고 앞날 대비를
이제 쌀 협상문제는 역사에 묻자
논의해야 할 과제가 산적해 있다
쌀 협상비준 반대는 모험주의이다
쌀 수탁제도 이외에 다른 방법이 없다
아직도 갈 길 먼 양정, 원칙으로 돌아가야
절실한 미곡종합처리장의 구조조정

쌀 협상의 추억: 이제 쌀 협상문제는 역사에 묻자

쌀 협상 '두 번 실패'는 없어야

경향신문(2004. 5. 1)

올해는 유엔이 정한 쌀의 해이다. 쌀이 인류에게 주는 의미와 중요성을 모든 지구인이 같이 생각해 보자는 것이다.

그러나 아이러니컬하게도 바로 올해, 우리는 우루과이라운드(UR)에서 10년간 미루어 놓았던 쌀의 관세화 문제를 다시 협상해야 하는 운명에 놓였다. 미국, 중국 등 세계적 대국들이 우리를 에워싸고 있다. 내년부터 쌀 시장을 세계무역기구(WTO)의 규범에 따라 관세화하든지 아니면 쌀 시장의 일정 부분을 자기들에게 내놓으라는 것이다. 이 위기를 어떻게 극복할 것인가?

베트남 전쟁이 한창이던 때 하노이 포로수용소에서 8년간의 혹독한 포로생활을 견디어 내고 부하들과 더불어 무사히 귀환한 스톡데일 소장의 이야기는 우리에게 매우 교훈적이다. 스톡데일은 냉혹한 현실을 직시하고 긴 고통의 시간을 이겨낼 준비에 전념하면서 동시에 이 고통을 견디어 내기만 하면 집으로 돌아갈 수 있다는 마지

막 희망을 놓지 않았다. 냉혹한 현실을 직시하는 통찰과 성공할 수 있다는 믿음을 혼동하지 않은 지혜가 그와 그를 따른 부하들을 구원하였던 것이다.

10년 전 UR 협상이 한창일 때 우리는 쌀은 물론 소고기 등 중요한 농산물은 비교역적 관심(NTC) 품목으로 지정하여 수입자유화에서 제외시킬 수 있으리라 믿었다. 그러나 그러한 우리의 꿈은 산산이 깨지고 쌀까지도 총소비량의 4%까지 수입하게 되었고 농민의 충격과 실망 속에 총리와 농림장관은 사퇴하였다. 그리고 10년이 흘렀고 우리는 다시 똑같은 자리에 돌아와 섰다. 어떻게 역사가 반복되지 않도록 할 것인가?

어떤 사람들은 반드시 관세화를 유예하여야 한다고 주장하면서 관세화하면 우리 나라 벼농사는 끝장이라고 말한다. 어떤 사람들은 관세화를 유예하려면 상대방 국가들이 다른 무리한 요구를 할 것이 분명하므로 관세화가 도리어 유리하다고 하고, 또 어떤 사람들은 관세화도 안 되고 다른 추가적인 시장개방도 안 된다고 주장한다.

이러한 주장에 앞서 냉혹한 현실을 보자. 농산물 무역협상은 국익과 자국 농민을 보호하기 위한 전쟁이다. 그것도 쟁쟁한 9개국과 동시에 치러야 하는 전쟁이다. 어느 나라나 자국의 영토를 한 치도 양보할 수 없듯이 농산물 장터 역시 한 치도 양보하려 하지 않을 것이다. 따라서 관세화를 유예하려면 모두에게 그에 상응하는 대가를 지불하여야 한다는 것은 지극히 자명하다.

결국 이번 협상은 관세화 유예의 대가를 흥정하는 것이 그 본질이므로 역설적으로 관세화 유예는 매우 어렵지만 꼭 손에 넣으려면 그것은 어려운 일이 아니다. 돈을 많이 내면 어떤 물건도 손에 넣을 수 있듯이. 그러나 돈도 안 내고 원하는 물건도 갖겠다는 것은 누구나 비현실적이라고 생각할 것이다.

그런데 큰 문제는 도하개발아젠다(DDA) 협상이 지연되어 관세화와 관세화 유예의 동등성을 계량할 수 있는 기준이 없고, 따라서 대가를 흥정하기가 대단히 어렵다는 것이다. 추측과 가정에 입각한 대가의 산정이 훗날 매우 잘못된 것으로 나타날 가능성을 배제할 수 없다. 이러한 상황은 우리에게 대단히 큰 위험이지만 상대방도 똑같은 딜레마를 가지고 있을 것이므로 동시에 적은 대가를 지불할 수 있는 기회일 수도 있다.

이같이 불확실성과 위험, 역설과 딜레마 속에서 이루어지는 협상이므로 최선의 결과를 얻기 위해서는 협상담당자들이 오로지 객관적 사실과 냉철한 계산에 입각하여 앞만 보고 협상할 수 있도록 믿음과 격려를 보내 주는 것이 매우 중요하다. '붉은 악마들'을 믿고 격려하였듯이. 그러기 위해서는 협상결과에 관계 없이 목표소득이 보전되는 제도를 마련하는 것이 전제되어야 한다. 그러나 더 중요한 것은 어떠한 협상결과가 나오더라도 우리 나라 쌀 산업이 결코 무너져 버리지는 않는다는 희망이다.

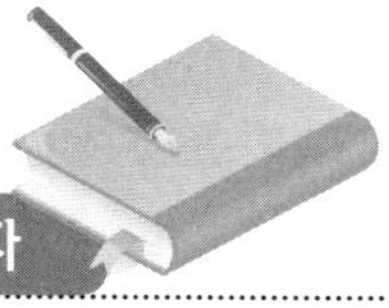

쌀 협상의 추억: 이제 쌀 협상문제는 역사에 묻자

최종 선택은 생산농업인의 몫이 되어야

매경이코노미 (2004. 5. 17)

제2차 세계대전이 끝난 후 전쟁으로 피폐한 경제를 재건하고 풍요롭고 평화로운 세상을 구현하기 위해서는 모든 상품과 서비스의 교역을 자유화하는 것이 필요하다는 데 많은 나라들이 인식을 같이하였다. 그러한 인식에 동의하는 나라들이 모여 '무역과 관세에 관한 일반협정(GATT)'을 체결하고 점진적으로 모든 상품의 교역을 자유화하였으나 농산물과 서비스만은 예외로 취급되어 40여 년간 각국의 필요에 따라 수입을 규제하였다. 그러나 여기에 변혁이 일어났다. 1993년 우루과이라운드 협정에서 농산물에 대해서도 일체의 수입규제를 철폐하고 오직 관세만을 붙여 수입을 조절한다는 데 합의하였던 것이다. 다만 한국은 일본, 필리핀 등과 더불어 쌀만은 2004년까지 관세화를 유예하는 대신 총소비량의 4%에 상당한 물량(20만 5,000톤)을 수입하기로 하였던 것이다. 그리고 만약 다시 관세화를 유예하려면 수출국들이 수락할 수 있을 만큼의 새로운 양허를 하기로 약속하였다.

이제 약속하였던 2004년이 되었고, 우리는 다시 관세화를 유예하여 쌀 수입을 최소화하기를 희망하고 있다. 그러기 위해서는 이해당사자라고 주장하는 9개국의 동의를 받아 내야 한다. 그런 의미에서 쌀 협상은 관세화 유예라는 권한을 사고파는 흥정이다. 우리는 그 값을 깎으려고 하고 수출국들은 그 값을 올리려 할 것이다. 만약 우리가 그 권한을 꼭 손에 넣으려면 높은 값을 주면 된다. 그러나 그 대가를 너무 높게 지불하여 관세화한 경우보다 더 많은 쌀을 수입하게 된다면 그것은 어리석은 거래가 될 것이다. 과연 얼마까지 지불하면 손해 보지 않는 거래가 될 것인가?

아마 상대방들도 똑같은 계산을 하고 있을 것이다. 대가를 너무 적게 받고 우리에게 그 권한을 팔아 버리면 어리석은 거래를 한 것이 되고, 만약 너무 높은 대가를 고집하여 우리가 관세화로 가 버리면 나중에 후회하게 될지도 모른다. 우리가 관세화하면 결국 가장 경쟁력 있는 나라만이 수출하게 되어 마음 놓고 매년 정해진 양을 팔 수 있는 기회를 잃게 될 것이기 때문이다. 그들은 얼마를 받으면 손해 보지 않는 거래가 될 것인가 고심하고 있을 것이다.

그런데 지금 누구도 그 답을 정확히 알 수가 없다는 데 이 거래의 어려움이 있다. 그것은 앞으로 5~10년의 관세감축 폭을 결정하기로 하였던 WTO의 DDA 협상이 결렬되어 관세화하는 경우 앞으로 관세가 얼마나 낮아질 것인지 알 수 없고, 따라서 쌀 수입이 얼마나 늘어날지 가늠할 수 없기 때문이다. 만약 우리 나라가 앞으로 DDA 협상에서 개도국 지위를 유지하게 된다면 쌀을 관세화하더라도 수입량은 크게 늘어나지 않을 가능성이 매우 높다. 따라서 이번에 높은 대가, 즉 관세할당량(TRQ)을 많이 늘려 주고 관세화를 유예하였다가는 나중에 크게 후회하게 될 것이다. 반대로 수출국들의 요구가 지나치게 높다고 생각하여 관세화하였는데 나중에 개도국 지위를 인정받지 못하여 수입량이 크게 늘어나면 이번에 TRQ를 많이 늘려 주고라도 관세화를 유예하지 않은 것을 개탄하게 될지도 모른다. 이번의 결정은 관세화든, 관세화 유예든 불확실성과 위험을 동반하고 있다. 따라서 정부는 언제 급진전될지 모르는 DDA 협상을 주시하면서 최종 선택의 순간을 뒤로 늦추어 가능한 최신 정보까지를 활용하여야 할 것이다. 아마 정부는 최종 선택의 순간 매우 깊은 갈등과 고뇌에 빠지게 될 것이다. 그러나 그 선택의 영향은 결국 생산농업인에게 돌아갈 수밖에 없으므로 최종 선택은 최대 이해당사자인 농업인의 몫이 되어야 할지도 모른다.

쌀 협상의 추억: 이제 쌀 협상문제는 역사에 묻자

정부 · 농가 '신사협정'을

농민신문(2004. 5. 21)

지난 UR 협상, 한 · 칠레 FTA 협상, 중국과의 마늘 특별세이프가드(SSG) 협상경험은 다음과 같은 인식을 심어 주었다. 정부는 협상의 모든 과정을 투명하게 공개해 불필요한 오해를 받지 않아야 하고, 농업인은 협상과정을 눈 부릅뜨고 감시해야 한다는 것이다. 그 같은 학습효과는 이른바 투명성과 공개의 원칙, 그리고 국민적 합의의 원칙으로 나타났다.

그러나 농산물 협상은 자국의 농산물 시장과 농업인의 소득을 지키기 위한 전쟁이다. 자기의 카드를 숨긴 채 상대방의 양보를 얻어 내는 전략의 싸움이자 정보의 싸움이 될 수밖에 없다. 따라서 협상안을 공개적으로 논의해 결정한다는 데에는 한계가 있다. 여기서 우리는 투명성과 공개의 원칙을 이야기하기보다 정부와 농업인 사이에 진솔한 이해가 필요하다고 생각한다.

농업인은 관세화만 막으면 쌀 시장이 지켜진다고 믿어서 관세화는 개방이고 관세화 유예는 개방이 아니라는 식으로 상황을 이해해 왔다. 그런데 관세화 유예가 되더라도 수입이 관세화 때보다 더 늘어날 수 있다고 하니 어쩌란 말인가. 농가는 불안하기 짝이 없는데 한결같이 협상을 해 보아야 안다, 더 나아가 DDA 협상이 끝나 보아야 알 수 있다고 하니 답답할 뿐이다.

한편, 정부는 국제 규범과 협상의 한계를 외면하려는 농업인의 주장에 지치고, 더구나 비농업계의 끊임없는 비판과 농업인의 질책 사이에서 투명성 원칙에 매달릴 수밖에 없다고 생각한다. 그러면서도 투명성 원칙과 협상전략 사이에서 고뇌하고 있을 것이다.

여기서 다음과 같이 합의하자고 제안하고 싶다. 먼저 협상의 여건을 솔직히 말해 이해당사자인 농업인이 자기가 처한 상황을 정확히 이해하도록 하는 것은 긴요하다는 데 동의하자. 그러나 협상과정과 협상안을 공개적으로 논의하는 것은 불가능하므로 시장개방 폭이 최소화되도록 협상하는 일은 정부에 일임하자. 또 협상의 최종단계에 이르면 각국이 요구한 내용을 종합하여 관세화 유예의 타당성 여부를 공개적으로 논의하자. 물론 농업인은 그 때 과연 어떤 선택이 더 바람직한 것인지 결정해야 할 것이다.

그 대신 정부는 농가의 미래 소득에 대한 불안감을 해소할 수 있도록 소득안정대책을 분명하게 제시하자. 즉, 기준가격과 당년도 가격과의 차이를 기준연도 면적에 대해 직접지불 방식으로 생산농가에 지불하자. 그렇게 되면 기준가격을 어느 수준으로 정할 것인가가 논의의 핵심이 되겠지만, 농정 논의는 그 수준에 대한 문제로 집중되고 농가는 협상결과에 관계 없이 소득이 안정되어 미래에 대한 불확실성이 해소될 것이다.

그러나 그런 정책에 합의하기 위해서는 소득의 완전한 보장이란 있을 수 없다는 것에 대한 이해가 필요하다. 정부는 시장개방의 충격을 흡수해 각 농가가 자구적 노력으로 경쟁력을 향상시켜 나갈 수 있도록 지원하는 것이지, 모든 농가의 소득을 보장하는 것은 결코 아니다. 그런 정책은 납세자의 동의를 받기도 어렵다. 요컨대, 농가도 분명한 자구노력의 목표를 제시해야 한다.

쌀 협상, 선택의 순간은 다가오고 있다

농민신문(2004. 8. 4)

혼미를 거듭하던 DDA에서 시장개방원칙에 관한 기본 골격에 겨우 합의가 이루어졌다. 그러나 쌀 협상이 마치 주식매매와 같이 어떤 선택을 하던 손해 보았다고 후회할 수 있다는 의미에서 불확실성에 휩싸여 있다는 사실은 크게 달라지지 않았다.

가령 정부가 모든 노력을 다하였지만 수출국들이 관세화 유예의 조건으로 관세할당량(TRQ)을 현재의 4%에서 8%로 늘릴 것을 요구하는 가운데 연말을 맞이하였다고 가정해 보자. 이 조건을 수락하고 관세화를 유예할 것인가? 아니면 관세화를 선언할 것인가?

의무수입물량이 지나치게 많다고 판단하여 관세화를 선택하였다고 가정하자. 그런데 지금까지 톤당 500달러였던 국제 쌀값이 갑자기 하락하여 300달러 이하로 하락한다면 쌀 수입은 크게 늘어나고 많은 사람이 관세화를 선택한 것을 후회하고 정부를 비난하게 될 것이다. 국제가격이 하락하지 않더라도 앞으로 있을 DDA 협상 최종 결과 쌀에 대한 관세율이 매년 큰 폭으로 떨어진다면 역시 수입은 늘어나고 많은 사람이 관세화를 후회하며 정부를 비난할 것이다.

이와 같은 것을 염려하여 가령 관세화 유예를 선택하였다고 가정해 보자. 그런데 국제 쌀값이 500달러 수준을 계속 유지한다면 많은 사람이 관세화했으면 수입량이 늘어나지 않았을 텐데 공연히 관세할당량만 늘려 주었다고 후회할 수도 있다. 또 DDA 협상결과 우리 나라가 개도국으로 인정받게 되거나 쌀이 민감품목으로 지정된다면 역시 많은 사람이 관세화하지 않은 것을 후회하고 정부를 비난할지도 모른다. 물론 그 때 관세화로 전환할 수도 있겠지만 이미 늘어난 의무수입량이 매년 수입되는 것을 지켜보지 않을 수 없을 것이다. 더욱이 유예의 대가로 대만과 같이 의무수입량을 시장에 팔기로 하였다면 후회와 비난은 더 높아질 것이다.

불확실성은 그뿐만이 아니다. 가령 DDA 협상결과 관세화 품목도 이른바 저율관세수입량(TRQ)을 8%로 늘려야 한다면 관세화 유예를 선택하지 않은 것이 정말 후회스러울 것이다. 그러나 특별세이프가드(SSG 또는 SSM) 규정을 활용하여 수입량의 증가를 상당 부분 차단할 수 있게 된다면 관세화 유예를 선택한 것은 현명한 결정이 아닐 수도 있다. 또 만약 우리 나라 소비자들이 일본에서와 같이 수입쌀을 외면해 버린다면 관세화를 두려워하여 의무수입량을 늘려준 것은 어리석은 선택이 될 수도 있다.

만약 유예의 조건으로 8%가 아니라 10%까지의 증량을 요구한다면 어찌해야 하고, 6%만 요구한다면 또 어찌해야 될까? 이 경우에도 불확실성은 마찬가지로 존재한다. 요컨대, 어떤 조건에서 어떤 선택을 하더라도 후회할 가능성이 있다는 것이다. 따라서 올해 말 협상의 최종 단계에서 어느 하나를 선택하더라도 그것은 확률적 판단이 될 수밖에 없다는 것을 명심해야 한다. 어떻게 후회할 확률을 최소화하느냐의 문제이지 후회할 가능성에서 벗어날 수는 없다. 지금 누구도 어느 것이 유리하다고 단언할 수 없고, 앞으로의 상황도 크게 다르지 않을 것이다. 그러나 선택해야 할 순간은 다가오고 있다. 이런 불확실성 속에서 선택의 기준을 어떻게 설정할 것인가? 관계자들 사이에서 어떻게 합의를 도출할 것인가? 이제 농업인, 정부, 학자 다 같이 이 문제에 대하여 지혜를 모아보자. 협상이 중요하지만 불확실성이 클수록 선택의 지혜도 그에 못지않게 중요하기 때문이다.

쌀 협상의 추억: 이제 쌀 협상문제는 역사에 묻자

누가 어떻게 쌀 생산농가의 불안을 제거할 것인가?

농민신문(2004. 8. 25)

얼마 전 내가 만난 어떤 농민은 올 벼농사가 유례 없이 드문 풍작일 것 같다고 밝게 웃었다. 풍작이라 값이 떨어질까 걱정이지만 그래도 이대로 대풍이었으면 좋겠다며 이를 드러내고 웃는 모습에서 소박한 농심이 가슴에 와 닿았다. 그러나 그는 이내 내년에 정말 중국 쌀이 시장에 나오게 되느냐, 그러면 쌀값은 얼마나 떨어지게 되느냐고 걱정스러운 표정으로 물었다. 그것을 막는 방법이 정말 없는 것이냐고도 했는데 그의 불안감이 절실하게 전해 왔다.

운명의 2004년도 이미 처서를 지나 막바지를 향해 달려가고, 수입쌀을 먹을 것인가, 우리 쌀을 먹을 것인가 소비자 선택의 순간이 시시각각 다가오고 있다. 관세화된다면 관세율과 국제가격에 따라 외국쌀의 국내판매가격은 달라지겠지만 얼마나 수입될지는 소비자가 결정할 것이다. 관세화가 유예된다고 하더라도 의무수입량(MMA)의 일부가 미국, 호주, 중국의 브랜드를 달고 시장에 나와 우리 쌀과 함께 소비자의 심판을 받게 될 것임에 틀림없다. 과연 소비자는 누구의 손을 들어 주고 그래서 우리 쌀 가격은 어떻게 될지 모두가 정말 불안하다. 이 불확실성을 제거하여 주지 않는다면 쌀 생산농가는 어떤 미래에 대한 결정도 할 수 없고 우리 쌀 농업은 표류할 것이다. 이제 시간이 많지 않다. 그래서 필자는 이 칼럼을 통해 정부는 쌀 생산농가가 직면하고 있는 미래에 대한 불안을 해소할 수 있도록 생산과 연계되지 않는 소득지지제도를 분명히 제시하고, 그 대신 협상하는 일은 정부에 일임하는 신사협정을 맺자고 제안한 바 있다.

일부에서는 모든 농가에 대한 무차별한 소득지지대책이 구조개선에 역기능을 초래한다고 하기도 하고 도대체 농가에게만 소득지지를 한다는 것은 반시장적이라고 비판하고 있다. 그러나 우리는 모든 선진국이 이러한 소득지지제도를 오랫동안 시행하면서 성공적으로 구조개선을 이루어 왔고, 이번 DDA 합의문에서는 블루박스 형태의 소득지지제도가 농업개혁을 촉진하는 역할을 한다는 점을 이례적으로 명시한 것에 주목하여야 한다. 지금 이 제도를 도입하는 것은 결코 불합리하지 않을 뿐 아니라 당연하다고 생각한다.

한편, 일부에서는 시장개방을 확대하는 어떠한 협상도 반대한다고 주장하면서 이 제도는 개방을 전제로 하는 정책이라고 비판하여 이 제안에 대한 논의를 거부하고 있다. 그러나 우리의 의지와 관계없이 시간은 흐르고 있다. 누가 어떻게 쌀 생산농민이 직면하고 있는 불확실성과 위험 그리고 불안을 제거해 줄 것인가? 이 절실한 문제를 누구도 외면해서는 안 된다. 물론 정부를 압박하는 다양한 움직임이 협상에 전술적 이득이 될 수 있음을 인정하지만 한시라도 빨리 모든 협상과 농정 논의에 우선하여 소득지지수준과 방법을 논의하여 결정하는 데 우리의 역량을 집중시켜야 한다.

그런데 여기서 꼭 짚고 가야 할 것은 소득지지수준이 물가상승과 비농업 소득증가를 반영하는 수준이 되어야 한다는 주장이다. 이 제도는 시장개방에 관계 없이 농가가 실제로 수취하게 될 가격을 미리 제시하여 미래에 대한 불확실성을 제거하고 시장개방의 충격을 완화하여 농가가 다양한 자구적 노력을 할 수 있도록 지원하는 것이지 농가가 필요로 하는 소득을 정부가 보장하려는 것이 아니다. 어떤 개인의 필요소득을 보장하는 정책은 있을 수 없기 때문이다. 그렇다면 지지수준의 상한은 현재의 가격이 될 수밖에 없고 그 수준이 적정하다고 생각한다. 일부에서는 현재 수준을 유지해 준다는 것은 너무 높다고 비판할 것이다. 그러나 이제까지 가격상승 국면에 있었으므로 일단 유지로 가자, 그러면 그 다음에는 인하할 수 있는 때가 올 것이다. 쌀 생산농가가 불안하면 농업이 불안하고 나라가 불안해진다. 인색하게 생각할 때가 아니다.

쌀 협상전략 다시 짜자

농민신문(2004. 9. 10)

중국이 쌀 관세화 유예의 대가로 우리의 예상을 훨씬 뛰어넘는 요구를 한 것으로 알려져 있다. 신문보도에 의하면 쌀의 최소시장접근 물량의 대폭 확대뿐만 아니라 다른 농수산물에 관련된 현안의 양보까지 요구하였다고 한다. 사실이라면 중국의 요구는 충격적이며 협상을 위한 1차 제안이라는 점을 감안해도 지나치다. 왜 이렇게 과도한 요구를 했을까? 그것은 중국이 상황을 상당히 오해하고 있는 데서 비롯된 것이고, 오해의 상당 부분은 우리가 자초하였다고 생각한다.

먼저, 우리는 이제까지 협상장 안팎에서 기회 있는 대로 쌀을 관세화하면 수입이 크게 늘어나 농가가 심각한 타격을 입게 된다는 점을 강조하면서 관세화 재유예를 주장하였다. 그러나 이 같은 주장은 관세화시 중국이 우리 나라에 쌀을 대량 수출할 수 있으리라는 기대감을 부풀리는 결과를 초래한 것으로 추측된다.

한편, 관세화는 절대 받아들일 수 없다는 국내여론은 줄기차게 정부를 압박하였다. 물론 이것은 쌀 시장개방 확대를 막으려는 것이었지만 한국 정부가 어떠한 경우에도 관세화를 받아들일 수 없을 것이라는 믿음을 갖게 하였다. 즉, 중국은 한국 정부가 비싼 대가를 치르더라도 관세화 유예를 선택하지 않을 수 없으리라고 생각하였고 그만큼 요구수준이 높아졌을 가능성이 크다.

그렇다면 우리는 이제 관세화할 수밖에 없는 상황으로 내몰리고 있음을 인식하고, 이제까지의 집착을 버리고 협상전략을 다시 짜야 한다. 먼저 중국의 수출기대감이 근거 없이 부푼 것임을 분명히 전달해야 한다.

- 국제 쌀 가격이 수년간은 높은 수준을 지속하리라는 점
- 관세화하더라도 DDA가 타결될 2007년경까지는 관세감축과 관세할당량이 동결되어 2008년 이후에나 관세화의 효과가 나타나게 될 것이라는 점
- 특별수입제한제도(SSG)가 유지되는 한 수입량이 크게 늘어날 수 없다는 점
- 일본과 대만의 경우 고율관세와 소비자 외면으로 관세화 효과가 거의 나타나고 있지 않다는 점 등을 들어 중국의 요구가 과도한 것임을 분명히 해야 한다.

또한 우리가 관세화 유예를 선호하는 것은 수입량 축소보다 국제가격이 일시 폭락하여 쌀 생산농가가 치명적 타격을 입게 되는 만일의 위험을 방지하려는 것임을 주지시켜야 한다. 이러한 사실을 중국에 전달하여 중국 협상팀을 압박해야 한다.

국내적으로는 각오를 다지고 관세화에 대비한 준비를 서둘러야 한다. 무엇보다 수입쌀 감시체제와 쌀 가격이 하락하는 경우 기준연

도 가격과의 차액을 직접지불 방식으로 보전하는 제도를 확정하여 협상에 대한 농가의 두려움을 잠재우고 정부의 협상노력을 신뢰하도록 해야 한다.

기준가격과 보전수준을 둘러싼 논란은 이제 매듭짓자. 기준가격은 농가에게 가장 유리한 수준으로 하고, 보전수준은 기준가격과의 명목가격 차이로 하자. 보전대상은 기준연도 면적으로 하되 경영비와 물가상승분까지를 보전하라는 요구는 접자. 이렇게 되면 2003년 대비 명목가격 하락부분은 정부가 보전하고 실질가격 하락부분은 농가의 자구적 노력으로 보충하는 것이 된다. 이것이 가장 합리적이고 현실적이라고 생각한다.

협상할 시간도 길지 않고 국내대책을 정비할 시간은 더욱 부족하다. 서로 재고 홍정할 여유가 없다. 관세화 대책을 마련하면서 중국을 압박하는 일에 모두 힘을 합쳐야 한다. 그래야 쌀 시장개방은 최소화되고 쌀 산업이 살아 남을 수 있다.

쌀 협상의 추억: 이제 쌀 협상문제는 역사에 묻자

쌀 협상대책 일괄타결을

조선일보(2004. 9. 21)

쌀 협상의 시한이 석 달밖에 남지 않았는데, 쌀 시장개방을 뜻하는 '관세화'를 절대 반대한다는 농민 시위는 이어지고, 중국 등 협상상대국들은 관세화하지 않는 대가로 쌀 의무수입량을 대폭 늘릴 것을 요구함으로써 정부는 궁지에 몰려 있다.

그러나 이보다 더 걱정스러운 것은 시장개방에 대비한 국내정책 개편이 아직도 불확실한 상태에 있다는 것이다.

쌀값 하락분의 일부를 농가에 현금으로 지원해 주는 '소득보전(補塡)직불제도'에 대해 농민단체는 정부 의도를 의심하면서 애써 외면하고 있고, 현행 수매제도를 폐지하고 쌀 비축제도를 도입한다는 계획은 농민들 반대에 부딪혀 표류하고 있다.

국회는 올해 수매가격도 아직 정하지 못하고 있으면서, 논에 대한 보조금인 "논농업 직불액을 인상해야 한다"는 논란에 열중하는 듯하다.

대외 협상과 국내대책들은 서로 밀접하게 연관되어 있다. 따라서 모든 쟁점은 일괄 타결되어야 한다.

먼저, 소득보전직불제를 확정하여 협상에 대한 농가의 두려움을 잠재우고 정부의 협상노력을 신뢰하게 해야 한다. 보전기준가격과 보전수준을 둘러싸고 논란이 있으나 앞으로 최근연도인 2003년 시장가격과 그 해 가격과의 차이를 모두 보전하는 것이 현실적이다.

대신 농민단체는 경영비와 물가상승분까지 보전하라는 요구를 접자. 이렇게 되면 앞으로 해마다 2003년 대비 쌀값 하락부분은 정부가 보전하고, 물가상승에 의한 실질소득 감소부분은 농가의 자구적 노력으로 보충하여, 가격하락의 충격을 분담하는 체제가 된다. 이런 제도가 우리에게는 낯설지만 미국과 EU는 오래 시행해 왔고 지금도 농정의 핵심 수단이다.

이 제도가 시행된다면 현행 수매제도는 그 의미가 소멸된다. 현재 수매제도는 총생산량의 15% 정도 물량에 대해 정부가 가격을 보장하고, 그만큼 시장출하량을 줄여 수확기 시장가격이 떨어지는 것을 막는 데 목적이 있다. 그런데 정부가 2003년 가격을 기준으로 모든 경작면적에 대해 소득을 직접 보전하므로, 생산량 일부에 대해서만 가격을 보장하는 수매제도는 더 이상 역할이 없어진다.

따라서 1조 5000억 원 이상의 수매자금을 투입해 정부가 쌀을 사고, 관리하기 위해 전국의 행정력을 동원할 이유가 없다. 더구나 수매제도와 소득보전직불제는 WTO가 인정하는 국내보조금 한도 내에서 시행되어야 하므로 양립하기 어렵다.

그런데 수매제도의 농가소득 지지효과는 지원액의 10% 정도밖에 안 된다. 이런 제도를 유지하느라 정작 농가소득을 직접 지지하는 소득보전직불제 실행에 문제가 생긴다면 어찌 할 것인가?

현행 수매제도를 폐지하더라도 정부가 항상 일정량 이상의 쌀을 비축·보관하는 공공비축제를 도입한다면 식량공급의 안전을 걱정하지 않아도 된다.

소득보전직불제가 확정되고 수매제도가 폐지된다면 올해 수매가를 인하할 이유가 없다. 가격하락분을 보전해 주는 소득보전직불제를 시행하려는 취지로 볼 때, 그리고 수매제도를 폐지하는 마당에 수매가격을 인하할 이유도 필요도 없다. 따라서 올 수매가는 동결하자. 수매가가 동결된다면 논농업 직불액을 인상할 이유도 없어진다.

우리는 지금까지 농업에 대한 회의와 냉소, 정부에 대한 불신과 관세화 반대에 매몰되어 왔다. 이 매몰에서 빠져 나와 현안의 일괄타결에 나서야 한다. 이것이 쌀 농업을 위기에서 구하는 길이다.

갈림길에 선 쌀 협상

농민신문(2004. 11. 19)

쌀 협상 시한이 한 달여밖에 남지 않았다. 상대국인 중국·미국 등은 관세화 유예의 대가로 의무수입량을 8~9%로 늘릴 것을 요구하는 것으로 전해진다. 이제 그 요구를 수용하고 관세화를 미룰지 아니면 관세화로 전환할 것인지 선택해야 한다.

그런데 지난 11일 농림부는 앞으로 쌀값이 하락하면 목표가격과의 차액을 농가에 직접 보전하는 제도를 도입하겠다고 발표하였다. 이로써 협상결과의 선택이 종전과는 전혀 다른 조건에서 이루어지게 되었다.

이런 제도가 없다면 협상결과로 쌀값이 떨어질 경우 생산농가의 소득이 그만큼 감소하게 된다. 즉, 협상은 정부가 하지만 그 피해는 고스란히 농가에게 돌아가게 되는 것이다.

따라서 농가는 관세화도 반대하지만 관세화 유예의 대가로 의무수입량을 늘리는 것도 반대한다는 비현실적 주장으로 정부를 압박

할 수밖에 없었으며 농가에게 최선의 전략이라고 할 수 있었다.

그런데 새로운 소득보전제도가 도입되면 쌀값이 떨어지더라도 직접지불액이 늘어나 농가의 소득은 유지되고 그 대신 재정수요가 늘어나게 된다. 물론 수입량이 늘수록 국내 쌀 산업이 위축되므로 농가가 이해당사자의 하나임에는 틀림없다. 그러나 이제는 협상결과가 재정수요에 큰 영향을 미쳐 정부와 납세자의 부담을 요구하게 되었다는 점에서 이해관계가 완전히 달라진다.

즉, 생산농가와 정부가 같은 이해당사자로 대화하고 논의할 수 있는 조건이 마련된 것이다. 따라서 농민단체 등은 이제 관세화와 관세화 유예의 장단점을 냉철히 검토하고, 어느 것이 현명한 선택인지를 같이 논의해야 한다.

관세화하는 경우 수입량이 얼마나 늘 것인가는 국제가격과 환율, DDA에서 결정될 개도국 지위 유지 여부, 특별긴급관세제도 존속 여부, 관세감축률과 관세할당량, 그리고 소비자 선호도 등 다양한 변수에 따라 달라지므로 그 변이 폭은 매우 크다. 그만큼 위험이 있는 선택이다.

그러나 다양한 변수를 고려하더라도 관세화하는 경우, 앞으로 수년간은 현재보다 수입량이 늘어날 가능성이 아주 적고 10년 후에도 의무수입물량 7% 상당량을 초과할 가능성은 매우 낮다고 생각한다.

문제는 비록 가능성은 낮지만 수입량이 큰 폭으로 늘어 우리 쌀 산업에 충격을 줄 위험이 있다는 것이다. 물론 그런 경우에도 그만큼 소득보전 직접지불액이 늘어나 생산농가의 소득은 유지될 수 있지만 재정수요가 크게 증가하고 실제 벼 재배면적이 큰 폭으로 줄어들 위험이 있다.

관세화 유예는 수입량이 사전에 정해지므로 이런 위험에서 벗어날 수 있다. 또 도하개발아젠다 협상이 종결된 뒤 만약 관세화가 유리하다는 것이 분명해지면 그 때 관세화할 수도 있다는 것도 큰 이점이다.

문제는 관세화 후에 수입이 급증하는 위험을 피하기 위해 얼마나 많은 비용을 지불할 것인가이다. 만약 그 비용으로 매년 1%의 추가 수입을 감수할 수 있다면 의무수입물량을 8%까지 수용하는 것이 맞다.

물론 당장 내년부터 의무수입물량이 늘어나고 그 중 일부는 시장에 판매해야 한다는 추가적 비용도 부담해야 한다. 이것은 마치 위험을 회피하기 위하여 보험에 드는 것과 같다.

이 정도의 보험료를 부담하고 그런 위험을 회피할 것인가? 아니면 가능성은 낮지만 수입급증의 위험을 감수할 것인가? 선택해야 할 순간에 있다.

선택 어려운 쌀 협상 갈림길

조선일보(2004. 11. 23)

쌀 협상 시한이 한 달여밖에 남지 않았다. 중국과 미국 등은 관세화를 유예하려면 현재 국내소비량의 4%인 '의무수입량(MMA)'을 향후 10년간 8~9%로 늘릴 것을 요구한다.

농민단체 등은 관세화에 의한 수입개방은 절대 받아들일 수 없다고 하는 반면, 일부에서는 관세화 유예 10년간의 '실패'를 비판하며 이제는 관세화를 수용하고 농업도 적극적 구조조정에 착수해야 한다고 주장한다.

관세화로 수입을 개방하는 경우, 국제가격과 환율변화, DDA에서 결정될 추가적 시장개방 의무, 수입쌀에 대한 소비자의 선호 등 여러 변수에 따라 10년 후 쌀 수입량은 적게는 기준시점인 1986~1988년 국내 평균 소비량의 5%에서부터, 많게는 16%까지로 유동적일 수 있다. 하지만 여러 분석들을 종합해 보면 10년 후 수입량은 6.4% 안팎이 될 가능성이 가장 큰 것으로 추정된다. 다양한 상황변화를 고려하더라도 앞으로 수년간 수입량이 늘어날 가능성은 아주 적고, 10년 후에 수입량이 소비량의 7.5%를 초과할 가능성은 매우 낮아 보인다. 하지만 관세화는 위험성이 높은 선택이다. 확률은 낮아 보이지만 만일의 경우 수입량이 큰 폭으로 늘어나면 우리 쌀 산업에 충격을 줄 수 있기 때문이다.

쌀 산업은 100만 명이 고용되어 연간 10조 원의 부가가치를 생산하는 산업이다. 쌀 수입이 급증하면 수십만 명이 소득원을 상실하고 실업자가 될 수도 있다. 대농 중심의 구조조정이 촉진되는 계기가 될 수 있다고 하지만, 대농일수록 부채가 많아 소득 대비 부채비율이 1.7배나 되는 현실에서 영농규모를 확대하는 투자를 얼마나 할 수 있을까? 소득보전제도를 통해 이 문제를 해결하려면 연간 수조 원의 새로운 재정수요가 발생할 수도 있다. 이렇게 보면 관세화 이후 쌀 산업이 최소한의 안정성을 유지하면서 연착륙할 수 있다는 보장이 없는 한, 관세화를 선택하기 어려울 수밖에 없다.

반면에 관세화 유예는 수입량이 사전에 정해지므로 이런 위험에서 벗어날 수 있다. 또 DDA 협상이 종결된 뒤, 만약 관세화가 유리하다는 것이 분명해지면 그 때 가서 관세화할 수도 있다는 큰 이점이 있다. 문제는 그에 상응하는 비용이 만만치 않다는 데 있다. 관세화를 유예할 경우의 의무수입물량은, 적어도 현재의 추정에 의하면 관세화로 수입을 개방하는 경우보다 오히려 매년 5만 톤 정도 웃돌게 되리라는 것이다. 이 경우 매년 1만ha씩 재배면적이 더 줄어야 하는데 결코 적은 비용이 아니다.

당장 내년부터 MMA가 늘어나고 그 중 일부는 시장에 판매해야 하는 것도 큰 부담이다. 관세화할 경우에 비해 실제로 연간 5만 톤 정도를 더 수입하게 되는 '보험료'를 부담하더라도 혹시 발생할지

모를 수입급증의 위험성을 회피할 것인가? 아니면 실제로 수입량은 오히려 더 적은 쪽일 것으로 추정되는 관세화 개방을 택하는 대신에 만에 하나 수입량이 급증할 위험을 감수할 것인가? 정말 어려운 선택이다.

쌀 생산농가는 관세화에 대한 막연한 두려움에서 벗어나 이해득실을 냉철히 따져 보아야 한다. 쌀 가격하락시 소득을 보전해 주는 직불제도가 도입된다는 새 상황을 담보로 하여, 관세화에 대해 좀 더 유연한 자세를 가질 필요가 있다. 관세화 주장자들도 위험성을 충분히 이해하고 좀더 신중해져야 한다. 정부는 정치적 요소를 배제하고 냉철한 이해득실을 기초로 삼아 현명한 선택을 해야 한다.

쌀 협상, 결과 수용하고 앞날 대비를

동아일보(2005. 1. 7)

쌀 협상은 끝났다. 10년간 관세화를 유예하되 저율관세수입량(TRQ)을 현재의 두 배(41만 톤)로 늘리고 이 중 일부를 올해부터 시중에 판매한다는 것이 협상의 골자다. 그러나 일부에서는 아직도 관세화를 주장하고 있고, 농민단체는 협상결과를 받아들일 수 없다며 재협상을 요구하고 있어 국회 비준이 쉽지 않을 것 같다.

그러나 현실을 냉철히 보아야 한다. 우루과이라운드(UR) 합의문은 분명히 2004년 말을 협상시한으로 규정했으므로 그 때까지 관세화 유예에 합의하지 못했으면 우리는 올해부터 관세화해야 한다. 즉, 협상결과를 받아들이지 않는 것은 곧 관세화를 의미한다.

일각에는 2004년이 협상시한이 아니며 우리가 동의하지 않는 한 협상은 끝나지 않는다는 주장이 있다. 이 주장대로라면 관세화 여부와 관세화 유예시의 TRQ 증량 폭에 대한 결정권이 전적으로 우리에게 있다. 우리가 동의하지 않는 한 협상은 끝나지 않고, 협상이 끝나지 않는 한 TRQ를 늘릴 이유도 방법도 없기 때문이다.

하지만 이런 가능성을 인정하더라도 재협상론은 관세화를 감수할 수도 있다는 모험주의적 입장이다. 왜냐하면, 그들도 쌀 수출국들이 재협상을 거부하고 세계무역기구(WTO)에 제소하면 우리가 패소해 관세화할 수밖에 없는 가능성을 배제하지는 않을 것이기 때문이다. 그런 의미에서 재협상론은 관세화의 위험을 가볍게 보는 관세화론자와 다름없다는 아이러니에 빠지게 된다.

관세화론자의 논거는 두 가지다. 첫째는 언젠가 관세화해야 할 것이라면 이번에 하고 구조조정을 촉진해 나아가야 한다는 것이다. 그러나 이들은 농업구조조정이 숙명적으로 시간과의 싸움이라는 사실을 간과하고 있다. 둘째는 국제가격이 높아 관세화하더라도 수입이 안 되거나 아주 적을 것이므로 관세화가 농가에 더 유리하다는 것이다. 그러나 이들은 그 같은 예측이 빗나갔을 때의 위험을 간과하고 있다.

쌀 농업은 100여만 명이 취업하고 있는 산업이다. 이들 중 60%는 50세를 넘었고, 90%는 40세를 넘어 이미 전직의 기회를 상실한 사람들이다. 이 현실을 직시하면 수입이 급증해 농가경제가 충격에 휩싸이고 이를 해결하기 위한 대책에 재정을 쏟아 붓는 위험을 감수해야 하는 관세화론도, 재협상론도 수용할 수 없다는 결론에 이르게 된다.

이제 쌀 협상은 끝났다. 모두 협상결과를 수용하고 자기 자리로 돌아가 앞으로의 일을 논의하자. 농민단체도 농가에 실익이 있는 쟁점에 역량을 집중해야 한다. 앞으로 도입될 소득보전직불제가 농가소득의 확실한 안정장치가 되게 하고, 우리 쌀에 대한 소비자 신뢰를 확보할 방안에 몰두하자. 수입쌀과 우리 쌀이 나란히 시장에 나

왔을 때 소비자가 누구 손을 들어 주느냐가 우리 쌀 농업의 미래를 결정하기 때문이다. 정부는 앞으로 쌀 가격이 매년 소폭 하락해 수급 균형이 이루어지고 국제가격과의 차이가 줄어 관세화할 때를 대비하도록 해야 한다.

그렇게 하지 못하면 관세화 유예는 아무에게도 도움이 안 되는 어리석은 선택이 되어 훗날 혹독한 비판을 받을 것이다.

이제 쌀 협상문제는 역사에 묻자

농민신문(2005. 7. 27)

지난 3월 말 쌀 관세화 유예협상이 끝났다. 쌀 관세화를 다시 10년간 유예하는 타결안이 WTO에서 확정된 것이다. 그러나 이면합의 의혹이 불거지면서 우리는 두 달 가까이 국정조사에 매달려 시간을 보냈다. 국정조사는 겨우 큰 파란 없이 끝났으나 농민단체는 협상결과의 수용을 거부하고 국회는 비준을 회피하여 많은 사람들이 지금도 비준문제에 매달려 있다.

정부가 협상결과 발표에 의혹을 불러일으킬 소지를 남겨 우리 모두를 국정조사라는 구렁텅이에 빠지게 하는 단초를 제공한 것은 사실이다. 그러나 농업인은 쌀 협상의 진실을 인정하고 그 함정에서 빨리 빠져 나와야 한다.

쌀 생산농가들의 희망대로 관세화를 10년간 유예하되, 2014년까지 저율관세수입량(TRQ)을 기준연도 소비량의 8% 수준까지만 증량하기로 한 것은 예상을 뛰어넘는 성과였다. 또 TRQ 물량을 모두 국영무역으로 하고, 그 대부분을 시장에서 격리할 수 있는 권한도 인정받았다. 여기에 2014년 이전에 관세화하는 경우 저율관세물량을 그 당시 수준으로 동결하기로 한 것 등은 일본, 대만의 경우보다 분명 유리한 결과임을 인정하자.

또한 작년 소득보전직불제를 도입해 쌀값이 하락하는 경우에도 농가소득이 거의 떨어지지 않도록 하는 장치를 마련한 것은 농정사상 획기적 '사건'임을 인정하자. 동시에 약정수매제를 공공비축제로 전환, WTO 규범 아래에서 소득안정시책을 도입할 수 있는 길을 크게 넓혀 놓았음도 인정하자.

이러한 진실을 외면한다면 농업계는 신뢰문제에 직면할지도 모른다. 소득보전직불제를 필두로 하는 일련의 쌀 관련 대책은 관세화까지를 포함하는 쌀 협상결과에 대한 대책이었다. 따라서 이제는 쌀 협상결과를 수용하고, 다른 문제는 따로 해법을 구하는 것이 바람직하다고 생각한다.

많은 사람들이 정부의 매입량 감소로 수확기 쌀값이 폭락하지 않을까 걱정하고 있다. 이 문제는 선진국처럼 농가와 농협이 수탁제를 발전시켜 홍수출하요인을 제거해야 근본적으로 해결된다. 그러나 설령 가격이 떨어진다고 해도 소득보전직불제에 의해 그 대부분이 보전될 것이다. 정부도 가격하락 폭이 클수록 재정부담이 커지므로 폭락 상황이 발생하지 않도록 대책을 강구하지 않을 수 없을 것이다.

정작 문제는 수입량이 늘어나는 가운데 소비는 감소하고 소득보전직불제로 쌀 생산감소 속도는 둔화되어 재고가 급증할 경우이다. 어떻게 재정부담을 최소화하면서 이 문제를 해결하여 농정에 대한 국민의 신뢰를 확보할 것인가? 그러나 이보다 더 중요한 문제는 늦어도 10년 후에는 쌀을 관세화해야 하므로 그에 대비하여 어떻게 국내 쌀값은 낮추고 소비자 신뢰를 확보하느냐 하는 것이다.

이제 쌀 협상문제는 역사에 묻고 이 문제에 모두가 매달려야 한다. 세계화의 수레바퀴는 지금도 돌아가고 우리 농업에 대한 도전이 끊임없이 밀려오고 있기 때문이다.

쌀 협상의 추억: 이제 쌀 협상문제는 역사에 묻자

논의해야 할 과제가 산적해 있다

한겨레21(2005. 9)

"쌀 협상문제는 이제 역사 속에 묻자." 쌀 관세화 유예협상의 국회 비준이 5개월째 표류하고 있는 가운데 이정환 전 한국농촌경제연구원 원장이 한 기고문에서 던진 말이다. 이 전 원장은 그동안 예민한 농업·농촌문제에 대해 나름대로 균형 잡힌 정책대안을 내놓는다는 평가를 받아왔다. 정부와 대립각을 세워온 농민단체들도 그에게 만큼은 비교적 후한 점수를 주어왔다. 지난 5월 한국농촌경제연구원에서 퇴임한 이 전 원장은 최근 사재를 털어 GSnJ라는 농업관련 전문 연구소를 설립했다. 지난 9월 28일, 포이동에 있는 GS&J 사무실에서 만난 그는 "비준안을 빨리 매듭짓고 다음 단계를 준비해야 한다"며 구체적인 과제로 쌀 수급문제, 품질고급화, 산지유통체계 구축 등을 들었다. 그는 "12월 DDA 협상결과 관세화가 유리한 상황이 되면, 내년에라도 관세화로 가면 된다"며 "비준안 처리를 계속 미루는 것은 지나치게 모험주의적인 접근"이라고 했다.

쌀 비준안 일단 처리하고 후속 대책 내놓아야

• *쌀 관세화 유예협상에 대한 국회 비준이 5개월째 지연되고 있다. 해법이 있나?*

◐ 비준 반대 입장은 크게 두 가지다. 하나는 협상 자체가 잘못되었으니 다시 해야 한다는 것이다. 또 하나는 농업대책을 더 확충하고 나서 비준을 하자는 것이다. 과연 협상이 잘못되었다고 할 수 있나. 관세화 유예를 얻어 낸 것은 WTO 체제 안에서 보면 굉장히 이례적인 일이다. 어느 나라, 어떤 품목도 관세화의 예외가 될 수 없다는 것이 기본 원칙이기 때문이다. 그런데 쌀 관세화를 다시 10년간 유예를 받았다. 대신 의무수입물량(TRQ)만 수입쿼터 방식으로 들여오면 된다. 이것은 통제가능한 부분이다. TRQ 물량을 너무 양보했다는 지적은 있을 수 있다. 2014년까지 국내소비량의 8%까지 늘려야 하기 때문이다. 하지만 8%는 일본은 2000년까지, 대만은 2003년까지 맞추기로 했던 조건과 같은 수준이다. 그것을 우리는 2014년까지 하면 된다. 거기다 필요할 경우 언제든 관세화로 전환할 수 있는 권한도 얻었다. 일본은 관세화 전환 후에도 TRQ 물량을 계속 증량해야 했지만, 우리는 즉시 동결하는 유리한 조건이다. 지나친 양보라고 보기 어려운 것이다. 이런 것까지 부정해서는 이야기가 안 된다. 국회에서 올해 안에 비준을 안 해도, 정부 주장처럼 내년부터 무조건 관세화로 가야 하는 것은 아니라는 의견도 있다. 실제로 어떻게 될지 아직은 알 수 없다. 상대국에서 이의를 제기해야만 문제가 되기 때문이다. 관련국들이 그대로 있으면, 그냥 넘어 갈 수도 있다. 하지만 최악의 경우 고려해야 한다. 비준이 안 되고, 그로 인해 관세화를 해야 할 상황이 된다면, 누가 책임질 것인가. 일단 비준을 하는 것이 옳다.

• *차라리 관세화로 가는 것이 더 유리한 것 아니냐는 주장도 있는데.*

◎ 관세화 유예는 고육지책이다. 쌀 시장을 전면 개방해 관세화하면, 어떻게 될지를 지난 해 예측해 본 적이 있다. 관세율, 환율, 국내 쌀값, DDA 협상결과 등 여러 가지 변수가 있기는 했지만, 2014년 수입쌀 비중이 그 해 TRQ 물량인 41만 톤보다 많아질 확률은 낮다는 결과가 나왔다. 관세화가 더 유리할 수 있다는 걸 말한다. 그럼에도 정부에서 관세화 유예를 선택한 것은, 만의 하나라도 외국쌀이 걷잡을 수 없게 쏟아져 들어오는 상황이 되면, 농가경제는 회생 불능의 상태에 빠질 수밖에 없기 때문이었다. 그런 점에서도 비준 거부는 지나치게 모험주의적인 접근이다.

• *12월 홍콩에서 열리는 DDA 협상결과를 보고 판단해도 되지 않나?*

◎ 관세화 조건을 일단 보자는 것인데, 큰 차이가 없다. 비준을 해도 DDA 협상결과 관세화가 유리하다면, 내년에라도 관세화로 갈 수 있다. 추가적인 패널티는 없다. 하지만 DDA 협상이 12월에 타결된다는 보장이 없다. 비준을 안 하고, DDA 협상결과를 무작정 기다린다는 것은 중요한 쌀 농업을 지나치게 위험한 상황으로 몰고 가는 결과가 된다. 관련국에서 가만히 있으리라는 보장 역시 없기 때문이다.

• *정부에서 내놓은 농업대책이 충분하다고 보나?*

◎ 올해 소득보전직불제가 도입되었다. 아직 실감을 못해서 그렇지만 굉장히 획기적인 제도다. 쌀값이 10% 떨어져도 농가가 받는 영향은 2% 내외가 된다. 나머지는 정부에서 보존을 해 준다. 쌀값이 10% 떨어지면 정부가 1조 2,000억 원을 부담해야 한다. 지금까지는

대외 협상이 잘못되거나, 정책이 실패하면 그 피해를 고스란히 농민들이 져야 했다. 이제는 쌀값이 떨어지면 정부가 85%를 책임져야 한다. 정부와 농업인 사이의 관계에 근본적인 변화가 생긴 것이다. 지난 해 도입과정에서 경제부처들이 강하게 반발했지만, 쌀 협상 대응정책이란 공감대를 얻어 어렵게 통과되었다. 물론 아직 완벽하지는 않다. 우선 3년간 만 한시적으로 시행되기 때문에 그 이후를 불안해 하는 농민들이 많다. 그 때 가서 나 몰라라 하는 것 아니냐는 것이다. 보전수준이 너무 낮다는 불만도 있다. 비준안을 매듭짓고 빨리 이런 문제들을 논의해야 한다. 3년 후 임박해서야 또 졸속으로 처리할 건가. 농민들도 지원대책을 하나라도 더 따내겠다는 데만 집착해서는 안 된다. 촉박하게 얻어 낸 것들이 나중에 도리어 독이 될 수도 있다.

• *어쨌든 2014년에는 전면 개방을 해야 하는데, 어떤 준비가 필요한가?*

현재의 소득보전직불제에는 큰 허점이 있다. 과잉생산을 부추길 수 있다는 것이다. 보조금을 준다는 데 누가 쌀 농사를 포기하겠나. 미국의 경우처럼, 경작지를 완전히 다른 용도로 전용하지 않는다면 꼭 쌀 농사를 짓지 않고, 휴경을 하거나 다른 작물을 심어도 보조금을 지급하는, 생산중립적인 방식으로 빨리 바꾸어야 한다. 그래야 쌀 경작지를 줄이고, 쌀값도 떨어뜨릴 수 있다. 쌀값은 현재 16만 원대에서 12만~13만 원대까지 서서히 떨어져야 한다. 그래야만 시장이 열렸을 때 수입쌀과 경쟁할 수 있다. 주어진 10년 동안 관세화를 준비한다는 것은, 바로 이걸 가능하게 하는 것이다. 생산자나 유통업자나 앞으로 그렇게 방향을 잡아간다는 것을 염두에 두고 대응을 해야 한다. 단계적으로 쌀값이 떨어지면 당연히 농가들이 영향을 받게 된다. 그걸 소득보전직불제로 완화시켜 주는 것이다. 하지만 소득보전직불제는 농가의 소득하락을 막을 수는 있지만 소득을 늘려 줄 수는 없다. 농가의 자구노력이 필요한 부분이다. 경작규모를 확대하든, 브랜드 쌀이나 차별화된 상품으로 부가가치를 올리든, 아니면 다른 수익성 있는 작물로 가든 말이다. 쌀값 하락분에서 농가가 책임져야 하는 2~3%에다, 경제성장률까지 고려하면 매년 6~7%의 성장 노력을 하지 않으면 안 된다는 결론이 나온다.

• *소득보전직불제와 농가의 자구노력만으로 과연 해결이 가능한가?*

◎ 농가부채가 가장 큰 지뢰다. 이번에도 쌀 협상대책으로 상환을 유예하고 이자를 깎아 준다고 하는데, 근본적인 해결책이 될 수 없다. 정부의 부담만 늘고, 농가에도 큰 도움이 안 된다. 도저히 상환능력이 안 되는 경우는 정리를 해 주어야만 한다. 1984년 뉴질랜드의 사회당 정부가 그런 식으로 농가부채문제를 성공적으로 해결하였다. 집 등 기본 자산만 빼고 나머지는 모두 팔아 부채를 갚도록 했다. 그래도 남는 부분은 탕감을 해 주고, 농민들의 전직지원도 해 주었다. 나머지 농가에 대해서는 이자율을 시장금리수준으로 2배가량 올리고, 원금은 절반으로 깎아 주었다. 이를 그대로 우리 나라에 적용할 수는 없지만, 장기적으로 보면 정리를 해 주는 것이 오히려 비용부담이 적게 든다.

• *농협에 대한 농민들의 불만이 크다. 농협개혁, 어떻게 해야 하나?*

◎ 우리 농촌의 산지유통체계는 아주 후진적이다. 오스트레일리아는 협동조합이 하나만 있고, 모든 쌀을 단일 브랜드로 수출한다. 선진국 어느 나라도 개별 농가가 각자 알아서 상품을 선별하고, 품

질관리를 하는 경우는 없다. 현재 농협에서 하고 있는 것은 단순히 물건만 모아서 내놓는 것에 불과하다. 실제로는 각자가 알아서 해야 한다. 농민들도 이제는 가락동 농산물시장의 시세를 알아야 한다고 해서 인터넷 교육도 시키지만, 그럴 필요가 없다. 외국도 고도의 시장정보는 개별 농민들이 잘 모른다. 협동조합에서 다 판단하고, 선별 · 포장 · 마케팅까지 맡아서 한다. 그런 게 안 되니까 농민들이 불만을 갖는 것이다. 생산은 어떻게든 할 수 있지만 판매가 어렵기 때문이다. 신 · 경분리(신용과 경제사업 분리) 이야기가 나오는 것도 그런 이유다. 농협이 금융부문에 안주해 있다는 비판이다. 지금은 대형 유통업체들이 도시 소비지를 더 장악하고 있다. 이들은 균일한 품질의 제품을 제때 안정적으로 공급해 줄 수 있는 산지의 파트너를 필요로 한다. 농협이 그 역할을 못해 준다면, 이들이 외국의 대형 협동조합으로 눈을 돌리는 상황이 올 수도 있다. 산지의 지역농협이 그런 역할을 하든, 공동출자로 독립적인 마케팅 판매회사를 만들든 양단 간의 결단을 내려야 한다. 경쟁을 통해 쓰러지는 조합도 나와야 한다. 과거에 안주해서는 농협도 어렵다.

쌀 협상의 추억: 이제 쌀 협상문제는 역사에 묻자

쌀 협상비준 반대는 모험주의이다

조선일보(2005. 10. 1)

쌀 협상비준문제가 큰 쟁점이 되고 있다. 정부는 이번 국회에서 반드시 비준안이 통과되어야 한다는 입장이지만 농민단체가 비준을 반대하고 있고, 많은 국회의원들도 비준에 반대하거나 소극적인 것으로 알려져 있기 때문이다.

비준을 반대하는 첫 번째 이유는 협상이 잘못되었기 때문에 다시 해야 한다는 것이다. 협상결과에 대한 평가는 사람에 따라 다를 수 있다. 그러나 세계 모든 나라의 모든 농산물이 이미 관세화로 수입이 자유화된 마당에 2014년까지 쿼터방식으로 쌀 수입을 규제할 수 있는 권한을 인정받은 것은 대단히 이례적인 일임은 누구도 부인할 수 없을 것이다. 또한 쿼터량을 2014년까지 기준연도 소비량의 8% 수준으로 늘리기로 한 것은 비슷한 경우에 처하였던 일본과 대만의 경험에 비추어 볼 때 지나치게 많은 양보를 한 것으로 볼 수 없다. 일본은 이미 우루과이라운드 협상에서 2000년까지 기준연도 소비량의 8%를 수입하기로 하였고, 대만도 2003년까지 8%를 수입하기로 했었기 때문이다.

그럼에도 불구하고 수입량이 늘어나고 당장 수입쌀이 밥쌀용으로 팔리게 된 것은 협상을 잘못한 것이고 따라서 협상을 다시 해야 한다고 주장할 수 있다. 그러나 그렇게 주장하는 사람들도 우리의 재협상 요구가 받아들여지기는커녕 관세화 유예를 얻어 낸 협상결과가 효력을 상실하여 당장 쌀 수입이 자유화될 수밖에 없는 다급한 상황에 빠질 가능성을 전면적으로 부인하지는 않을 것이다. 그렇다면 그런 주장은 우리 나라 쌀 농업을 담보로 하는 모험주의적 입장이다. 따라서 설사 협상결과에 만족할 수 없다고 하더라도 비준안은 처리하고 협상의 책임문제는 별도로 논의하여야 한다. 그것이 농업인을 위하는 길이다.

사실 관세화 유예의 조건으로 저율관세쿼터량을 41만 톤까지 늘려 주기로 했던 것은, 이를 수용하지 않을 경우 관세화로 수입이 자유화되어 농가경제가 충격에 휩싸이게 되는 위험을 방지하기 위한 고육책이었다. 쌀이 우리 나라 전체 농업소득의 반, 소비자 섭취 열량의 30%를 차지하는 세계 어느 나라에서도 볼 수 없는 품목이란 사정을 고려할 때 저가의 외국쌀이 밀려들지도 모르는 위험한 상황은 피해야 한다고 믿었기 때문이다. 작년에 톤당 500달러를 넘던 국제 쌀 가격이 최근에는 300달러 선으로 떨어져 관세화의 위험성은 더 높아졌다. 비준안을 거부해도 관세화로 쌀 농업이 충격에 빠질 위험이 없다고 자신 있게 말할 수 있다면, 또는 관세화의 위험을 감수할 준비가 되어 있다면 비준안을 거부하는 것이 맞다. 그러나 그런 사람은 거의 없을 것이다.

비준을 거부하는 또 하나의 입장은 협상의 결과로 쌀 수입이 늘어나므로 이에 대응한 대책을 먼저 수립해야 한다는 주장이다. 그러나 올해부터 도입된 쌀소득보전직불제가 쌀 시장개방에 대비한 것으로서 이제까지의 어떤 농정시책보다 농가소득 보호효과가 큰 획기적인 것이다. 이 제도의 도입으로 쌀값이 10% 하락하더라도 농가수취가격은 2% 정도 감소하는데 머무는 대신 농가소득 보전을 위해 정부의 재정부담은 1조 2,000억 원에 이르게 된다. 과거에는 협상과 정책변화의 결과로 나타나는 가격하락의 영향이 고스란히 농가에 귀착되었으나 이제는 그 대부분을 정부가 재정으로 보전하게 되었다. 협상결과는 정부가 책임지고 그 대신 농가는 협상을 정부에 맡길 수 있는 구도를 마련한 것이다.

물론 이 제도가 과연 언제까지 지속될지 불안하고 보전수준이 부족하다는 데 동의한다. 그러나 그런 불안과 불만은 이제부터 다시 논하여 앞으로 해결할 일이다. 추가대책 논의로 비준을 벼랑 끝으로 모는 것은 지나치게 위험한 선택이라고 생각한다. 더욱이 여러 가지 지원대책이 농가에 별 이득이 되지 못하고 재정의 비효율과 낭비로 이어져 농정에 대한 불신을 키웠던 과거의 경험을 상기할 때 추가대책을 많이 받아 내는 것이 후일 도리어 독이 될 수 있음도 잊지 말자.

쌀 협상의 추억: 이제 쌀 협상문제는 역사에 묻자

쌀 수탁제도 이외에 다른 방법이 없다

농민신문(2005. 10. 7)

이제까지 쌀의 산지유통은 수확기에 싼 값에 사서 단경기에 비싸게 팔아 비용과 이득을 남기는 원리에 의존하여 왔다. 따라서 적어도 금리와 감모, 그리고 적정한 이윤이 나올 만큼의 계절진폭이 있어야 쌀의 유통이 가능하다. 그런데 올해 단경기 산지 쌀값이 작년 수확기에 비해 80kg당 2,000원 정도 떨어지는 이변이 발생한 역계절진폭이 나타난 것이다. 당연히 작년 수확기에 벼를 사서 저장했던 미곡종합처리장(RPC) 등 산지유통업체들은 대부분 적자를 감수해야 하였다.

이렇게 되자 민간 유통업자는 물론 농협까지도 서로 연대하여 올 수확기 매입가격을 낮추거나 수확기 매입물량을 줄여 적자위험을 줄이려 하고 있다. 한편, 농가는 수확기에 팔지 못하면 자칫 가격은 떨어지고 감모까지 발생하여 이중의 손실을 보게 될 것을 염려하여 농협에 매입량을 늘리고 높은 값에 수매하도록 압박을 가하고 있다. 농가와 농협이 역계절진폭의 위험을 서로 상대방에게 떠넘기려는 게임을 하고 있는데 이것을 탓할 수는 없다. 농가도 손해를 보지 않으려 하고 농협도 적자가 계속되어서는 유지될 수 없는 경영체이기 때문이다. 게임에는 승자와 패자가 있게 마련이고, 결국 누군가는 손해를 보아야 한다.

그러자 농협과 농가가 한목소리로 정부가 특별대책을 세우라고 요구하고 있고, 정부는 대책을 내놓지 않을 수 없을 것이다. 결국 정부가 해결사로 나서는 것이다. 그러나 정부의 개입이 매우 정교하지 못하면 올 수확기 문제는 무사히 넘긴다 해도 정부개입이 도리어 역계절진폭 현상을 불러 오는 악순환에 빠질 수 있다. 그래서 정부의 개입이 능사는 아니다.

우리는 여기서 앞으로도 농협과 농가가 서로 역계절진폭의 위험을 떠넘기려는 게임을 하지 않을 수 없고, 농가와 농협 모두 불안과 갈등에서 벗어나지 못할 것이라는 점을 직시해야 한다. 더욱이 앞으로 WTO의 규범에 따라 정부의 시장개입이 더 제한되고, 언젠가 관세화되어 정부가 시장가격을 조정할 수 없게 되면 계절진폭은 누구도 보장할 수 없게 된다. 국제가격에 계절진폭이 없기 때문이다.

따라서 산지 쌀 유통은 계절진폭이 없거나 역계절진폭이 발생하는 상황에서도 견딜 수 있는 방식으로 개편되지 않으면 안 된다. 이것은 매우 시급한 과제이다. 요행히 올해는 무사히 넘어가더라도 근본적 문제는 그대로 남아 다시 우리를 괴롭힐 것이다.

대안은 역계절진폭의 위험을 농가와 산지유통업체가 분담하는 것이며, 수탁-공동계산 방식이 가장 좋은 대안이 될 것이다. 농가는 수확기에 RPC에 모든 벼의 판매를 위탁하고, RPC는 자기 책임하에 판매를 완료한 후 농가에 정산하는 제도이다. 물론 농가와

RPC의 합의에 따라 수확기에 일정한 선도금을 농가에 지급한다.

농협과 유통업자는 이 같은 수탁제가 그들의 존립조건이 된다는 점을 인식하고 시행방안을 내놓아야 하고, 농가도 이 방향으로의 개혁 없이는 쌀 유통이 이루어질 수 없음을 이해하고 적극 협력해야 한다. 수탁－공동계산 방식은 RPC 중심의 계획적인 대량 거래를 가능하게 하고 균일한 품질관리와 안정적 공급망을 구축하여 경쟁력을 높이는 데에도 필수적 요소가 될 것이다.

모든 선진국의 농산물 유통이 수탁－공동계산 방식에 의존하고 있음은 이 제도가 이제까지 발견된 최선의 방책임을 말하고 있다. RPC를 믿을 수 없다거나 벼 저장시설이 부족하여 어렵다는 이유를 들어 회피할 일이 아니다. 이 방법 이외에 수확기 시장 불안을 근본적으로 해소할 수 있는 다른 방법이 없기 때문이다.

쌀 협상의 추억: 이제 쌀 협상문제는 역사에 묻자

아직도 갈 길 먼 양정, 원칙으로 돌아가야

농민신문(2006. 4. 5)

고슴도치와 여우가 싸우면 어느 쪽이 이길까? 고슴도치가 이긴단다. 왜냐하면, 고슴도치는 싸움의 원칙에 따라 철저한 방어망을 구축하고 때를 기다리는데 여우는 가진 꾀를 다 쓰다가 제 꾀에 넘어가 쓰러져 버리기 때문이란다. 물론 썰렁한 개그다. 그러나 문제가 어렵고 꼬여 있을 때 이를 이런저런 꾀로 풀려고 하지 말고 원칙으로 돌아가 해법을 구하라는 의미를 담고 있다고 생각한다.

작년의 양정제도 개편은 '혁신'이라고 할 만한 것이었다. 가격은 시장에서 결정되도록 하고, 소득문제는 직접지불로 해결하며, 600만 석을 비축하되 시가로 사들여 시장의 가격결정을 왜곡시키지 않는다는 것이었다. 이 혁신을 통해, 첫째 쌀 가격도 수급에 따라 결정됨으로써 생산과잉이 시장의 힘으로 해결될 수 있는 조건이 마련되었고, 둘째 과거에는 대외 협상과 정책변화의 결과로 나타나는 가격하락의 피해가 고스란히 농가에 귀속되었으나 이제는 정부와 농가가 분담하게 되었다. 이것은 쌀 산업의 논리를 완전히 바꾸어 놓은 것이며 그런 의미에서 '역사적'이라고 할 만하다.

그러나 양정개편에 대한 비난과 불평이 쏟아져 나오고 있다. 과연 무엇이 잘못되었기 때문이며 어떻게 고치고 무엇을 보완해야 하는가?

첫 번째 혼란은 공공비축미 중 포대벼는 전국 평균가격으로 사들이고 산물벼는 그 지역 시가로 매입한 결과 정부 매입가격이 같은 지역에서 이원화되었던 데 있다. 그러면 어떻게 해야 하는가? 여러 가지 대안의 이야기가 있지만 '공공비축미는 비축하기 위해 사들이는 것'이라는 원칙으로 돌아가면 해답은 포대수매로 단일화해야 한다는 것임이 자명해진다. 산물수매는 다음 해 그 지역조합에 곧바로 양도되는 것을 전제로 하므로 비축미 확보와는 관계가 없기 때문이다. 농가가 산물수매를 필요로 한다든지, 산물수매가 품질향상에 유리하다는 주장이 있으나 그것은 공공비축제의 입장에서 보면 부수적인 사안이다.

두 번째 혼란은 포대벼를 전국 평균가격으로 정산한 결과 지역에 따라서는 시가보다 훨씬 비싼 값에 매입한 것이 되었다는 데 있다. 정부가 시가보다 높은 가격에 사들인다는 점에서 과거 수매제와 같아져 버린 것이다. 그러자 우선지급금을 높여서 시장가격을 지지해야 한다는 주장까지 나오고 있다. 공공비축제의 목적을 완전히 뒤엎는 발상이다. 이 문제도 "매입가격은 시가로 한다"는 원칙에 충실한 방법을 찾아서 해결해야 한다.

세 번째 논란은 현재의 변동직불제가 현장의 가격변동을 제대로 반영하지 못하는 데 있다. 정부는 작년 가을에 쌀값이 13% 이상 떨어졌지만 농가수취액은 거의 감소하지 않았다고 말한다. 그러나 지역별로 가격하락률에 차이가 크므로 일부 지역의 수취액은 소득보전직불을 합하여도 전년 대비 9%나 하락하여 소득안정효과를 제대로 발휘하지 못한 반면, 어떤 지역은 직불금을 합하면 농가수취액이 도리어 증가하는 모순이 나타났다. 이 문제 역시 '소득보전직불제는 가격하락의 충격을 정부가 흡수하기 위한 것'이라는 당초의 목적으로 돌아가면 정답은 목표가격과 당년가격에 지역별 가격 차이를 반영해야 한다는 것임이 자명하다. 물론 현재는 이미 목표가격이 정해져 있고 신뢰할 만한 지역별 가격조사치가 없기 때문에 당장 지역별 가격 차이를 반영하기는 어렵다. 그러나 그러한 현실적 문제를 인정하고 당초의 목적에 맞는 개선방안을 찾아 나가야 한다.

변동직불제의 더 큰 문제는, 벼를 재배한 면적에 대해서만 직불금을 지급하므로 결국 벼 생산장려금이 되었다는 데 있다. 쌀값은 시장에 맡겨 떨어뜨리고 한편에서는 생산보조금을 주어 생산을 장려하는 모순에 빠진 것이다. 생산 장려로 공급과잉문제가 나타날 우려가 있자 이번에는 휴경이나 타작물재배를 장려하는 보조금을 주어 쌀 생산을 줄이자고 주장한다. 이렇게 되면 한편에서는 벼에 생산보조금을 주고 다른 한편에서는 벼를 심지 말라고 다시 보조금을 주는 또 다른 모순에 빠져 뒤죽박죽이 될 것이다. 이 문제 역시 '소득보전직불은 쌀 가격하락에 대응한 소득보전'일 뿐 생산장려금이 아니라는 원칙에 충실하도록 지급방법을 생산과 연계되지 않도록 바꾸어 해결해 나가야 한다.

그러나 제일 큰 비판은 작년 수확기 쌀값이 대폭 하락한 데 있다. 수확기 수요와 공급은 단경기 기대가격에 따라 결정되므로 가격이 매우 불안정할 수밖에 없는데 이에 대한 대책이 없었기 때문이었다. 더욱이 풍흉에 따라 쌀 가격이 20% 이상 등락할 수 있는 위험을 안고 있는데 현재의 제도에는 이에 대한 대책도 없다. 요컨대, 앞으로 쌀 가격이 해에 따라 크게 등락하고 수확기 가격은 더 큰 폭으로 변동할 우려가 있다. 가격이 급등락하면 모든 양정대책이 무력해지고 의미를 잃게 되므로 이에 대한 대책을 시급히 논의하여야 한다.

2005년 양정제도 개편은 역사적인 의미가 있었고 나름대로 큰 성과를 나타냈지만 아직도 갈 길이 멀다. 그러나 갈 길이 멀고 험할수록 당초의 목적을 되새기고 원칙으로 돌아가 판단해야 올바른 길을 갈 수 있다.

쌀 협상의 추억: 이제 쌀 협상문제는 역사에 묻자

절실한 미곡종합처리장의 구조조정

농민신문(2006. 5. 12)

쌀의 브랜드수가 무려 1,900여 개로 늘어났다고 한다. 그런데 한 조사결과에 의하면 소비자의 42%는 같은 브랜드이더라도 구입할 때마다 밥맛이 다르다고 생각하고 있으며, 브랜드의 표시내용을 완전히 신뢰한다는 소비자는 10%가 안 된다. 즉, 소비자는 브랜드를 별로 믿지 않는다.

그런데 더욱 주목할 것은 브랜드 간에 밥맛 차이가 소비자가 인식할 만큼 나지 않는다는 것이다. 똑같이 밥을 지어 어떤 브랜드인지를 알려 주지 않고 밥맛을 평가하게 하면 평점에 큰 차이가 없고, 각각의 쌀을 구입하기 위해 얼마나 지불할 의향이 있는가를 물으면 최대 차이가 2~3% 정도에 불과하다. 더구나 소비자의 90%가 압력밥솥을 사용하고 있으므로 쌀의 품질 차이가 밥맛 차이로 이어지기가 더욱 어렵다. 이것은 밥맛 좋은 새로운 브랜드를 만들면 소비자가 밥맛 차이를 세밀하게 인식하여 더 비싼 값에 사주리라는 생각이

틀릴 수 있음을 의미한다. 동시에 소비자가 인식할 수 있을 만큼 밥맛 차이가 나는 브랜드를 만드는 일이 매우 어렵다는 것을 뜻하기도 한다. 그런데 왜 브랜드가 이처럼 늘어나고 있는가? 그 이유는 영세한 미곡종합처리장(RPC)이 300여 개나 난립한 데 있다.

처리규모가 4,000톤 이하인 미곡종합처리장은 8,000톤 이상 규모에 비해 가공비용이 2.5배나 되고, 특히 인건비는 3배가 넘을 만큼 규모의 경제가 크다. 그런데 현재 미곡종합처리장의 평균규모는 5,200톤에 지나지 않으므로 가공비용이 높아질 수밖에 없다. 더구나 영세한 미곡종합처리장들이 판매경쟁을 하다 보니 대형 슈퍼가 제시하는 가격을 그대로 받아들일 수밖에 없고 그만큼 수익성은 나빠진다. 이런 구조상의 문제를 밥맛 좋은 브랜드를 만들어 극복하려는 전략을 택한 결과 브랜드 숫자만 계속 늘어나고 있는 것이다.

밥맛 좋은 새로운 브랜드를 만드는 일은 필연적으로 생산 · 가공비용을 상승시키므로 소비자가 새로운 브랜드의 밥맛 차이를 인지하고 비용상승 이상의 가격을 지불하지 않으면 새로운 브랜드는 도리어 경쟁력을 떨어뜨리게 된다. 그러나 경쟁력을 높이려면 밥맛 좋은 새로운 브랜드를 또 다시 만들 수밖에 없는 딜레마에 빠져 있는 것이다.

따라서 쌀 산업의 경쟁력을 높이려면 미곡종합처리장이 대대적인 합병(M&A)을 이루어 대형화되는 것이 무엇보다 중요하다. 이를 위해서는 시장경쟁을 통해 합병이 이루어지도록 하되 통합을 위한 금융자금 지원과 법률상의 제약요인을 해소시키는 특별법 제정도 검토해야 한다. 시설 갱신기에 접어든 미곡종합처리장에 대한 일률적 자금지원은 통합을 저해한다. 도리어 이 시기를 통합의 계기로 활용하는 것이 필요하다.

새로운 대형 미곡처리장은 지나친 밥맛 경쟁보다는 중간 수준의 품질을 목표로 설정하고 1년 내내 그 기준을 충족시키는 브랜드를 대량 생산하는데 주력해야 한다. 소비자가 인식하지도 못하는 밥맛 경쟁에 치닫다 보면 불가피하게 자꾸 새로운 브랜드를 만들게 되어 브랜드가 소규모화되고 밥맛의 균일성을 유지하기도 더 힘들어지는 반면, 균일성 유지에 주력하면 소비자의 신뢰를 확보하게 되기 때문이다.

요컨대, 미곡종합처리장이 대형화되고 무리한 밥맛 향상을 위한 비용이 감소하면 가격경쟁력이 높아질 것이다. 또한, 브랜드가 대형화되고 균일성이 유지되면 소비자 신뢰가 높아져 비가격경쟁력도 상승할 것이다. 그래서 미곡종합처리장의 대대적 구조조정은 쌀 산업 경쟁력 향상을 위해 다른 어느 것보다 중요하다.

한국 농업의 길: 그들이 간절히 원하는 것을 아는가?

한국 농업의 길: 그들이 간절히 원하는 것을 아는가?

농협개혁을 갈망하는 이유

농민신문(2004. 12. 13)

호주는 약 20만ha의 농지에서 연간 100만 톤 정도의 쌀을 생산한다. 우리 나라의 5분의 1쯤 되는 생산규모이다. 놀라운 것은 모든 쌀 생산농가가 하나의 협동조합에 소속되어 쌀 판매를 완전히 위탁하고 있다는 것이다.

이 조합이 100만 톤에 이르는 쌀의 품종은 물론 재배 · 건조 · 저장 · 도정과정을 관리하여 일정한 품질이 유지되도록 한다. 맛이 항상 똑같이 유지될 수 있도록 관리하면서 세계 각국의 시장에서 요구하는 품질기준에 따라 상품을 만들고 필요한 때, 필요한 곳에, 필요한 만큼 '선라이스(Sun Rice)'라는 브랜드로 신속하게 공급한다. 규모와 방식에 약간의 차이는 있지만 미국 캘리포니아주의 쌀과 오렌지, 워싱턴주의 사과, 유럽의 축산제품 등도 마찬가지이다.

어느 선진국에 가 보더라도 개별 농가단위로 농산물을 파는 경우는 매우 드물다. 농가는 협동조합에 판매를 위탁하고, 농산물은 협동조합에 의해 품질이 통제 · 관리되고 브랜드로 만들어진다.

더 나아가 대형 소매기업이 산지까지 진출하여 스스로 브랜드를 창출하기도 한다. 월마트라는 미국의 최대 슈퍼체인은 직접 산지에 들어가서 농가들과 생산계약을 체결한다. 그리고 자사의 포장센터에서 선별과 포장작업을 하여 '월마트'라는 브랜드로 전국 체인점에 공급하면서 협동조합 브랜드와 치열한 경쟁을 벌인다.

협동조합의 것이든 대형 소매상의 것이든 그 상표가 붙은 농산물이면 언제, 어디에서 사 먹어도 똑같다는 믿음을 주기 때문에 소비자들에게 신뢰를 받는다. 필요한 때에 필요한 양을 신속하게 공급해 주기 때문에 소매상들의 신뢰를 받아 유럽, 미국, 호주의 농업이 유지되고 세계로 뻗어 나간다. 그런 브랜드가 대규모 판촉행사를 벌이며 우리 시장을 공략하면 소비자와 소매상들은 어느 것을 선택할 것인가.

우리 나라도 농협이 그 지역의 농업을 조직화해서 균일한 품질을 보장하는 브랜드를 만들지 않으면, 우리 농산물은 가격보다도 신뢰성의 문제 때문에 시장에서 밀려날지도 모른다. 농협과 농업인들이 이 문제를 정말 심각하게 생각해야 한다. 소비자와 소매상이 외국 브랜드와 우리 브랜드 중에서 우리 브랜드를 선택하게 만들지 못하면 어느 지역 어떤 농산물도 살아 남지 못하는 시대가 곧 올 것이다.

그렇다면 모두가 혁신적으로 변해야 한다. 이러한 혁신에 성공하지 못한다면 아무리 좋은 농산물을 생산해도 경쟁에서 이길 수 없을 것이기 때문이다.

산지 농협과 소비지 사이에 계약생산이 이루어져야 생산과잉으로 인한 가격폭락을 줄일 수 있다. 쌀이나 고추, 사과 같은 저장성

농산물은 수확기 홍수 출하를 막기 위해서도 농협에 전량 위탁, 시장 출하가 조절되어야 한다. 정부의 시장개입 축소를 요구하는 세계무역기구 체제 아래에서 정부가 그러한 역할을 할 수 있는 여지는 점점 줄고 있기 때문이다. 이 현실을 직시해야 한다.

지역조합과 중앙회가 어떻게 변해야 이러한 역할을 할 것인가? 농협개혁은 이 문제에 답을 제시하는 데 있다. 이해당사자들의 권력구조문제가 아니라 우리 나라 농업의 존립이 걸린 문제이다.

이번에 국회를 통과한 농협법 개정안이 이 목적에 얼마나 기여할 것인가를 모두가 성찰하며 각오를 새롭게 해야만 한다.

칠레 농업에서 무엇을 배울 것인가

농민신문(2005. 4. 22)

칠레와 맺은 자유무역협정의 영향에 관한 논란이 많지만 협정의 영향은 10여 년 사이에 서서히 나타나게 되어 있으므로 지금 그런 논란보다는 칠레 농업에서 무엇을 배울 것인가부터 새겨보자.

칠레는 현재 100여 나라에 해마다 250만 톤 가량의 과일을 수출하는 과일농업 강국이다. 20여 년 전만 해도 과일수출량이 16만 톤에 지나지 않던 칠레의 성공비결은 무엇일까?

지난 달 칠레의 대규모 과일농장 방문시 책임자는 "유럽 사람들은 선홍색 포도를 선호하는 반면, 한국 사람들은 검은색을, 중국 사람들은 빨간색일수록 좋아한다. 우리는 어디서, 어떻게 재배해야 포도가 검은색을 띠는지 연구해 한국으로 수출할 포도는 그에 맞게 생산하고 있다"고 말하였다. 그리고 덧붙였다. "앞으로 자두가 한국에 많이 수출될 것으로 본다. 유럽인들은 신맛을 즐기지만 한국인은 달아야 좋아한다. 단맛을 높일 수 있는 지역과 재배법을 연구중이다. 한국 사람들이 칠레 자두도 좋아하게 될 것이다."

우리는 과연 소비자들의 기호와 특성에 대해 얼마나 알고 있으며, 그에 맞는 상품을 공급하기 위해 얼마나 노력하고 있을까?

또한 칠레 과일산업은 철저한 경쟁과 협력을 통해 시장을 개척하고 세계로 뻗어가고 있다. 칠레에는 협동조합이 없고 대형 농장들이 포장센터를 갖추어 자기 브랜드로 수출하거나 전문 수출회사가 중소농가와 계약재배 방식으로 상품을 생산하여 수출한다. 이들은 정부의 간섭이나 지원 없이 경쟁을 통해 브랜드 파워를 키우고 시장을 개척한다. 우리는 이런 강력한 생산・유통조직을 갖추기 위해 얼마나 노력하고 있을까?

그러나 칠레 과일산업의 영광 뒤에는 그늘도 있다. 대부분의 영세농은 수출회사와의 계약재배에서 배제된 채, 수출되지 못해 국내시장에 출하되는 등외품과 힘겨운 싸움을 하고 있다. 이러한 영세농이 전체 농가의 40%를 넘지만 생산비중은 1%가 안 된다.

수출의 영광을 주도하는 거대농은 전체 농가의 3%도 안 되지만 총생산의 60% 이상을 생산한다. 우리는 '농업의 성공'과 '농가의 행복'이 이렇게 괴리될 수도 있음을 얼마나 인식하고 있을까?

칠레는 모든 상품에 6%의 단일관세를 적용하고 세계에서 자유무역협정을 가장 많이 체결한 개방국가로 알려져 있다. 그러나 칠레도 경종면적의 절반을 차지하는 소맥과 설탕에 대해서만은 최고 98%까지 관세를 매기는 보호제도를 가지고 있음은 잘 알려져 있지 않다. 그런데 미국과의 자유무역협정에서 10년 내에 이를 철폐하기로 한 데다 아르헨티나의 수출 공세로 재배면적이 반으로 줄어들 전망이어서 대책에 부심하고 있다. 어쩌면 우리 나라의 쌀 문제와 그리도 유사할까! 우리는 농업의 최강국도 벗어나지 못하는 농업문제의 심연을 얼마나 잘 이해하고 농정을 논하고 있는 것일까?

품질 고급화 전략에 함정은 없는가?

농민신문(2006. 9. 9)

농산물의 품질을 고급화하거나 안전성을 높여 시장개방에 대응해야 한다는 이른바 '품질 고급화 전략'에 이의를 제기할 사람은 없을 것이다. 실제로 같은 국내산 과일이나 채소가 도매시장에서 등급에 따라 3~5배의 가격 차이가 나는 것을 흔히 볼 수 있으므로 이 전략은 충분한 설득력을 가지고 있고 그래서 이제 상식처럼 되었다.

쌀의 경우를 보면, 품질을 높이기 위해 "질소질비료를 줄여 단수를 낮추어야 한다"는 것은 상식이 되었고, "완전미 쌀을 만들어야 한다" 또는 "품종 혼입이 없는 순수한 쌀을 만들어야 한다"는 생각도 널리 퍼져 있다. 안전성을 위해 "유기농 쌀을 생산해야 한다"고도 하고 "무농약 재배를 해야 한다"고 믿는 사람도 많다. "쌀에 상세한 재배이력을 기록해야 한다"는 주장도 힘을 얻어 가고 있다. 그러나 이렇게 가격차별을 위한 품질 "고급화"를 향해 모두가 무조건 줄

달음치기 전에 냉철히 따져 볼 것이 있다.

첫 번째는 이 모든 '고급화'가 킬로그램당 비용을 상당히 상승시킨다는 것이다. 물론 이렇게 비용이 많이 든 쌀을 소비자가 거부할 이유는 없을 것이다. 문제는 그렇게 비용이 많이 든 쌀에 대해 소비자가 얼마를 더 지불할 의사가 있느냐 하는 것이다. 소비자가 지불할 의사보다 생산비용이 더 많이 든다면 그런 전략은 기술적으로는 성공하였지만 경쟁력을 높이지는 못한다. 그래서 소비자 지불의향을 먼저 주목해야 한다.

두 번째는 소비자가 인지하고 그 대가를 지불하려는 진정한 품질, 맛 그리고 안전성이란 무엇인가를 명확히 파악해야 한다는 점이다. 소비자가 안전성을 위하여 유기농 쌀, 무농약 쌀, 또는 상세한 재배이력을 기록한 쌀을 원하는 것일까? 소비자가 맛있는 쌀을 위해 완전미 쌀, 품종의 순도가 100%인 쌀, 아미로스 함량이 낮은 쌀을 원하는 것일까? 여기서 수입쌀에 대한 소비자 조사결과를 보자.

소비자에게 쌀의 산지와 품종을 알려 주지 않고 국내산과 수입쌀에 대한 밥맛을 평가하게 한 결과, 국내산 쌀을 구별해 낸 소비자는 52% 정도였다. 일본에서도 비슷한 조사에서 소비자의 53% 정도만이 일본산을 구별해 냈다고 한다. 즉, 원산지에 따른 맛의 차이를 인지할 수 있는 소비자는 반 정도라는 것이다.

한편, 소비자의 구입의향을 조사한 결과 중국산은 국내산보다 평균 14% 정도 싸면 사 먹겠다고 응답했고, 미국산은 국내산과 비슷한 가격이면 사겠다고 답하였다. 그러나 쌀의 원산지와 품종을 알려 주자 놀랍게도 국내산보다 중국산은 평균 46%, 미국산은 평균 24%나 싸야 구입하겠다고 응답하였다. 반대로 일본산 쌀은 원산지를 알려 주자 국내산보다 26% 더 비싸도 사 먹겠다는 의사를 나타냈다. 이것은 어떤 쌀에 대해 더 높은 가격을 지불하려는 것은 소비자가 맛의 차이를 정밀하게 인식하기보다는 그 쌀에 대한 신뢰가 높기 때문임을 나타낸다고 생각한다.

따라서 비용상승을 동반하는 고급화 전략보다 소비자의 신뢰확보가 더 효율적인 전략이 될 수 있다. 그런데 신뢰는 균일성과 항상성에서 형성된다. 특이한 품질 특성보다 언제, 어디서나 항상 품질이 일정하고 항상 건강에 위해한 요소가 없다는 믿음이 가장 중요하다. 이러한 균일성과 항상성은 생산 및 수확 후 관리시스템을 혁신하여야 달성될 수 있다. 이 때는 새로운 비용을 동반하지 않을 뿐만 아니라 도리어 비용이 감소할 수도 있다.

모두가 '고품질'을 위한 기술적 특성을 높이는데 치열한 경쟁을 벌이면서 비용을 상승시킬 때, 진정 소비자가 원하는 것을 찾아 도리어 더 낮은 비용으로 생산하여 소비자를 유혹하는 전략, 이것이 바로 블루오션 전략이라고 할 수 있다.

한국 농업의 길: 그들이 간절히 원하는 것을 아는가?

그들이 간절히 원하는 것을 아는가?

농민신문(2006. 10. 18)

내가 판 농산물을 사 가는 소비자는 누구일까? 그 소비자는 무엇을 만족해 하고 무엇에 대해 불만이었을까? 또 우리 마을에 찾아온 도시민은 과연 무엇을 기대하고 왔을까? 이런 것을 심각하게 생각하고 있는가?

경쟁력을 높여야 되고 그러기 위해 고품질 안전농산물을 생산해야 한다는 것은 누구나가 아는 상식이다. 또 찾아온 도시민을 즐겁게 해 주어야 한다는 것쯤은 모두가 안다. 그러나 소비자가 원하는 고품질과 안전성은 어떤 것이며 도시민이 정말 즐거워하는 것이 무엇인지 심각하게 고민하고 있는가?

세계적 베스트셀러 『블루오션 전략』의 저자 김위찬과 레미위안은 말한다. “모든 서커스단이 앞다투어 무대를 대형화하고 진귀한 동물을 출연시켜 출혈경쟁을 하고 있을 때, 한 업체가 단순한 곡예였던 서커스에 스토리와 감성을 넣어 새로운 공연상품으로 탈바꿈

시켰고, 그것이 관객의 잠재적 욕구를 만족시켜 대성공을 거두었다. 화려한 외형 경쟁에 드는 비용을 절감하여 관객이 더 싼 값에 즐길 수 있게 되었음은 물론이다"라고. 그리고 그들은 "진정한 경쟁력은 소비자가 간절히 원하는 것, 때로 소비자 자신도 모르고 있는 것을 찾아내서 그것을 만족시킬 수 있는 상품을 만드는 데 있다"고 주장한다. 더욱이 그것을 지금의 상품보다 더 싸게 소비자에게 공급하여 소비자의 이익을 극대화할 수 있어야 한다고 말한다.

그런데 이제까지 농업은 일단 농산물을 생산한 후 어떻게 팔 것인가를 생각하였다. 세상은 변했고 소비자는 옛날의 그 소비자가 아닌데 옛날 그대로 시장에 내놓고 잘 팔리기를 기대한다. 요즘 모두가 관심을 갖는 친환경농산물도 크게 다르지 않다. 친환경농산물은 좋은 것이므로 일단 생산하고 당연히 비싸야 한다고 생각한다. 이것이 소비자가 진정 원하는 것인지, 소비자가 이 상품을 어떻게 인식하고 있으며, 이렇게 비싼 값을 지불할 만한 가치가 있다고 생각하는 소비자가 얼마나 될지를 심각하게 따져 보지 않는다. 그리고 팔리지 않는다고 고민한다. 이제는 생각의 순서를 바꾸어야 한다. 생산하기 전에 먼저 소비자가 진정 원하는 것이 무엇인지, 그들이 얼마를 지불할 의사를 가지고 있는지를 따져야 한다.

예를 들어, 안전성은 소비자가 정말 원하는 것이리라. 그런데 소비자가 원하는 안전성은 어떤 것일까? 대다수의 소비자가 진정 원하는 것은 '생산이력제'와 같이 복잡하고 어려운 것이 아닐지도 모른다. 그저 위험한 물질이 섞여 있지 않다는 것을 확실히 믿을 수 있기를 간절히 원하고 있다고 생각한다. 따라서 어떻게 소비자가 확실히 믿을 수 있도록 할 것인가에 초점을 맞추어야 한다.

농촌관광도 마찬가지이다. 나의 생각과 눈높이로 시설을 만들고

난 후 어떻게 도시민이 오게 할 것인가를 생각한다면 그것은 실패의 시작이다. 우리 마을에 찾아올 사람들은 국내외의 크고 작은 관광지를 다녀보고 여행한 사람들이다. 이제 새삼 시골 마을을 찾았을 때 그들이 진정 갈망하는 것은 무엇이며, 또 필요한 최소한의 편의시설은 무엇인지 먼저 심각하게 고민하고 연구해야 한다.

아마도 그들이 농촌 마을로 온 까닭은 '본래의 자연과 문화'를 손으로 만져 보고 느끼고 싶기 때문일 것이다. 그러므로 깔끔하고 정갈한 잠자리와 먹거리는 결코 화려하지 않지만 꼭 있어야 할 조건일 것이다. 따라서 어떻게 그들이 '본래의 자연과 문화'에 푹 빠질 수 있도록 할 것이며, 주어진 현실적 제약 아래서 어떻게 그들의 필요를 충족시켜 줄 수 있을까?에 초점을 맞추어야 한다.

'그들이 간절히 원하는 것은 무엇일까?' 이제 이런 고민으로 많은 밤을 지새운 자만이 성공할 수 있을 것이다.

조직화가 생존을 결정한다

농민신문(2006. 11. 13)

많은 사람들이 이제부터 생각의 순서를 바꾸어야 한다고 말한다. 즉, 우선 좋은 물건을 생산하고 난 후 그것을 어떻게 잘 팔까를 생각해서는 안 되며, 먼저 소비자가 진정으로 원하는 것, 때로는 소비자 스스로도 의식하지 못하고 있는 것을 알아 내어 그것을 만족시켜 줄 수 있는 상품을 만들어 시장에 내놓아야 한다. 그러나 어떻게 소비자가 간절히 원하는 것을 알아 낼 수 있을까? 설사 알았다고 한들 까다롭고 변화무쌍할 것임에 틀림없는 소비자의 마음에 맞는 상품을 어떻게 만들어 낼 수 있을까? 소비자와 멀리 떨어져 농촌에서 농사일에만 매달려 온 농업인에게 너무나 현실성이 없는 말로 들린다.

미국의 농민은 국제시장 상황을 잘 알아서 세계로 수출하는 농산물을 생산하는 것일까? 내가 사 먹은 선키스트 오렌지를 생산한 농가는 얼마나 시장정보 분석능력이 있고, 상품화 능력이 뛰어나서

내 손에까지 오렌지를 쥐어 주었을까? 유럽의 농민은 모두 컴퓨터로 국내외 정보를 잘 분석해서 생산하고, 홈페이지를 잘 만들어 파는 것일까? 미국의 농민도 유럽의 농민도 모두가 그런 능력을 가지고 있지 않으며 결코 우리 나라 농업인보다 더 많은 능력을 가지고 있지 않다고 생각한다. 그들의 상품이 더 뛰어난 것은 능력이 뛰어나거나 경영규모가 커서가 아니라 조직화가 잘 되어 있기 때문이다.

소비자가 정말 원하는 것을 알아 내는 일은 많은 조사와 연구 그리고 통찰을 필요로 한다. 그런 요구를 만족시킬 수 있는 상품을 만들기 위해서는 매우 깊은 지식과 감각을 필요로 하나 개별 농가는 대부분 그런 능력을 가지고 있지 않다. 따라서 방법은 같은 지역의 농가, 같은 농산물을 생산하는 농가가 그런 분석능력을 가진 사람, 그런 상품화 능력을 가진 사람을 이용할 수 있는 조직을 만드는 것이다. 그리고 그런 조직을 경영할 이른바 유능한 CEO를 세우는 일이다.

전문가와 CEO는 조직 내부에서 나올 수도 있고 외부의 우수한 인재를 영입할 수도 있다. 문제는 조직화의 불가피성에 모두가 공감하고 같이 노력할 결의가 되어 있는가, 그런 필요성을 먼저 깨닫고 설득해 나갈 수 있는 리더가 있는가이다. 그런 조직화의 중심이 지역농협이 될 수도 있고, 농협이 출자한 새로운 법인이 될 수도 있다. 영농조합법인이 될 수도 있고, 전문 유통기업이 될 수 있을 것이다. 유능한 농가가 중심이 될 수도 있으므로 어느 한 가지 길만이 옳다고 할 수 없다. 각 지역과 각 품목의 특성과 여건, 그 지역의 문화에 따라 더 현실성 있고 더 효율적인 방식은 다르며, 그것은 당사자들이 가장 잘 알 것이다. 어느 방식이 더 좋은가가 아니라, 조직화하여 소비자에게 더 큰 가치를 주지 못하면 그 지역의 그 농산물은 시장에서 퇴출된다는 절박함을 인식하고 있는가이다.

조직화의 불가피성은 개별 농가의 상품화 능력에 한계가 있기 때문만은 아니다. 소비자 유통이 대형 슈퍼 중심이 되어 가고, 대형 슈퍼는 품질이 항상 일정한 상품을 필요한 때에 필요한 만큼 공급해 줄 뿐만 아니라 안전성을 보장해 줄 수 있는 공급자를 간절히 원하고 있다. 개별 농가가 이러한 요구를 충족시켜 주는 것은 불가능에 가깝기 때문에 산지의 조직화는 피할 수 없는 선택이다.

내가 생산한 농산물이 잘 팔릴 것인가? 나 혼자의 노력도 중요하고 정부의 지원도 필요하고 시장개방을 막는 것도 중요하지만, 그런 것들보다 조직화할 수 있는가가 생존을 결정할 것이다.

한국 농업의 길: 그들이 간절히 원하는 것을 아는가?

농지전용문제 이렇게 풀자

농민신문(2004. 6. 9)

농지법에 의해 1996년 이후에 매입한 농지는 임대할 수 없다. 그런데 "서산 간척지를 300평씩 도시민에게 분양하고 농사는 지어 준다"는 광고가 유명 일간지에 대문짝만하게 실리곤 한다. 대표적 벼농사 지역으로 발전해야 할 곳이 어쩌다가 이렇게 되었을까. 사정은 매우 단순하다. 농산물 가격이 하락하자 일부 농촌 지역의 농지값이 떨어졌다. 비농민에게 농지소유 기회를 주어야 농지값 하락을 막을 수 있는데, 비농민의 농지소유를 금하는 농지법의 장벽이 버티고 있어 이를 우회하는 수단으로 '주말농장 용지 300평 소유허용'이란 묘책이 나타났던 것이다.

그런데 머리 좋은 사람들이 이 틈을 타서 쌀 전업농가가 들어서야 할 서산 간척지를 도시민에게 300평씩 분양하고 농사는 지어 준다는 기발한 생각을 해 낸 것이다. 이제 누가 이 땅을 사서 영농을 하려면 지분등기자 모두의 동의를 받아야 할 것이다. 만약 이들 중에 몇 명이 정말 주말농장을 만들어 자기가 농사짓겠다고 하면 어찌 될까? 이런 파행이 다른 지역으로 번진다면 어찌 될까? 끔찍하다.

이는 농지문제에 대한 오해와 착각으로 농지제도의 기본 방향이 확립되어 있지 못한 상태에서 현상대응에만 집착한 결과라고 생각한다. 따라서 이제 농지문제에 대한 근본 방향을 시급히 설정하되 그 전까지지는 임기응변식 대책을 자제할 필요가 있다.

농지문제는 소유 · 전용규제를 어떻게 할 것인가에 귀착된다. 소유규제의 근거는 지주가 소작인의 권익을 침해할 위험이 있다는 것과 소작지의 생산성이 낮다는 데 있었다. 그러나 산업화가 이루어진 지금 그 두 가지 근거는 소멸한 지 오래다. 따라서 소유는 가능한 한 자유화하되 필지분할과 지분거래는 금해야 한다. 농지의 자유로운 유동과 규모화가 무엇보다 중요한 지금, 소유규제로 유동성을 떨어뜨리고 필지를 세분화하는 것은 현명하지 못하다.

농지전용문제는 전용의 제한으로 토지공급이 모자라 도시 땅값이 상승하므로 전용에 대한 규제를 대폭 풀어야 한다는 주장에서 비롯된다. 반면, 농지는 식량안보를 위해 엄격한 전용규제가 필요하다는 주장이 농민단체와 일부 학자들 사이에서 지지를 받고 있다. 과연 농지의 전용규제가 완화되면 농지의 대규모 전용이 이루어져 농지가 급격히 줄어들고 비농업용지의 가격은 하락할까?

농지는 전용이득이 매우 크기 때문에 규제에 의해 전용수요 자체를 억제한다는 것은 현실적으로 어렵다. 즉, 총전용규모는 전용규제의 강도가 아니라 비농업부문의 성장속도와 공공용지수요에 따라 결정되며, 전용수요도 그렇게 많지 않다. 또한 대도시 땅값이 상승하는 것은 서울과 그 주변지역에 부(富)가 집중되어 나타난 현상일 뿐 농촌의 농지전용규제 때문이 아니라고 생각한다.

그렇다면 농지의 전용규제를 강화해 농지를 보전하려고 생각하지도 말고, 반대로 전용규제를 풀어 도시 땅값을 잡으려고 생각하지도 말아야 한다. 즉, 비농업부문의 수요가 있는 만큼 전용을 허용하되 전용의 질서를 확립하여 난개발을 막는 데 우리의 관심과 지혜를 집중하자.

주 5일 근무시대의 농산어촌: 기회와 가능성

월간 국토(2004. 6)

오는 7월부터 주 5일 근무제가 도입될 예정이다. 주 5일 근무제를 계기로 우리 사회는 노동 중심에서 생활 중심의 사회로 점차 이행할 것이다. 이러한 변화는 우리 사회 구석구석에 여러 가지 파급영향을 미치겠지만, 특히 농산어촌이 도시민의 새로운 생활공간으로 부상하고 이러한 변화가 농산어촌에 새로운 기회를 제공할 것이다. 여가시간이 늘어남에 따라 농산어촌을 찾는 사람들이 증가하며 이를 농산어촌이 발전의 동력으로 활용할 수 있을 것이기 때문이다.

돌이켜 보면 지난 40년간의 산업화 과정에서 농림어업 경제활동은 상대적으로 축소의 길을 걸어왔다. 1960년대 중반 전체 국민의 60% 이상에 달하던 농림어업인구가 이제는 10%를 밑돌고 GDP에서 농업이 차지하는 비중도 대폭 줄어들어 현재는 약 5% 정도에 머물고 있다. 농림어업 경제활동의 축소는 당연히 농산어촌의 쇠퇴를 가져왔다. 어린아이들의 웃음소리로 가득 찼던 시골 학교 운동장에 잡초만이 무성한 곳이 늘어나고, 환갑을 바라보는 사람이 젊은이 대접을 받는 마을도 수두룩하다. 과소화와 노령화가 오늘날 우리 나라 농산어촌을 설명하는 대표적인 용어가 된 지 오래다.

이러한 상황에서 농산어촌의 활력은 도시와의 관계 속에서 찾을 수 있을 것으로 기대된다. 주 5일 근무제 확산은 이러한 기대가 현실화될 수 있는 가능성을 한결 높여 주었다. 농산어촌 공간에 대한 수요증대를 적극 활용하는 방안이야말로 쇠퇴해 가는 농산어촌을 활성화하는 유력한 대안이 될 수 있다는 판단이다.

주 5일 근무제 시대에 도시민이 농산어촌에 바라는 것은 크게 다음 세 가지로 정리될 수 있을 것이다. 첫째, 재택근무 등 다채로운 근무패턴의 확산과 전원지향적인 생활방식의 확대, 은퇴 노령자 증가 등으로 농산어촌에 대한 주거공간으로서의 수요가 증가할 것이다. 둘째, 농산어촌이 가지고 있는 풍부한 자연환경, 전통문화, 각종 체험활동에 대한 수요증가이다. 셋째, 체험활동 공간으로서의 수요가 증대할 것이다. 예를 들어, 농촌에 별장을 장만하고 주말이면 그곳에 머물면서 자기가 먹을 것을 손수 재배하면서 자연을 즐기는 활동을 들 수 있다.

이러한 변화를 농산어촌의 활성화로 이어지게 하기 위해서는 받아들이는 쪽에서 보다 적극적이고 치밀한 준비를 해야 할 것이다. 가장 먼저 해야 할 일은 농산어촌을 깨끗하고 아름답게 유지 · 보전하는 것이다. 이를 위해서는 우선 도시적인 편리성 추구보다는 어메니티를 증진하는 쪽으로 농산어촌의 정비 목표가 바뀌어야 하며 정비기법이 개발되어야 한다. "상품은 수입할 수 있어도 환경은 수입할 수 없다"는 것이 농산어촌 정비의 최상위 기조가 되어야 하는 것이다. 농산어촌을 깨끗하고 아름답게 유지하는 것은 농산어촌 토지를 계획적으로 이용할 때 비로소 가능하다. "계획 없이 개발 없다"는 원칙이 관철될 수 있는 토지이용제도가 마련되어야 한다. 현재 논의되고 있는 농지제도 개선문제도 이 점을 결코 간과해서는 안 된다.

다음으로 새로운 관점에서 농산어촌 정주여건이 개선되어야 한다. 농산어촌 주민에게만 한정되어 온 정책대상이 이제는 도시민에게까지 확대되어야 한다. 예를 들어, 다양한 형태의 전원주거지모형이 개발되어야 하며 우리의 실정에 알맞은 실버단지, 주말농원단지 등이 개발되어야 한다.

도시민의 수요에 기초하되 농산어촌의 자원을 활용하는 새로운 형태의 산업–도시민들에게 숙박, 음식물, 체험 프로그램을 제공하는 농촌관광산업이 더욱 더 활성화되어야 한다. 각 지역의 경관, 자연자원, 그리고 그 지역에서 생산되는 농림수산물을 기초로 삼아 가공·판매·관광까지를 포함하는 작은 규모의 농촌휴양산업클러스터 전략이 추진되어야 한다. 한 지역이 독립적으로 사업을 추진할 수도 있으나 인접한 지역이 연대하여 클러스터를 형성하는 것도 중요한 전략이 될 것이다. 훌륭한 경관을 가지고 있는 마을, 좋은 농산물을 생산하는 마을, 산채 또는 버섯과 같은 임산물이 풍부한 마을, 전통문화 유적이 있는 마을, 전통주 등 좋은 농산가공품이 있는 마을, 낚시터 또는 썰매장 등 오락시설이 있는 마을이 상호 연계되어 개발된다면 상품성은 몇 배 커질 것이다.

한편, 농산어촌 개발관련 주체 간의 역할이 재정립되어야 한다. 현재 추진되고 있는 국가균형과 지방분권전략 틀 속에서 중앙정부와 지방정부, 지역의 관련단체, 농산어촌 주민 간의 역할이 재정립되어야 한다. 특히, 중요한 것은 지역단위에서 농산어촌 혁신의 주체를 양성하는 것이다. 지자체, 지역 농협, 기술센터 등과 같이 농산어촌 발전의 주체가 될 수 있는 기관이 새로운 모습으로 탈바꿈하고 주민 리더를 양성하여 혁신을 주도할 수 있게 하는 것이다. 이 때 잊지 말아야 할 것은 정부의 섣부른 지원과 개입은 부실사업을 양산하는 역효과를 내기 쉽다는 것이다. 정부는 농촌관광 상품이 공정하게 거래될 수 있도록 시장을 형성하는 데에 역점을 두어야 한다. 이를 위해 농촌관광 상품에 대한 정보가 정확하게 수요자들에게 전달되고, 편리하고 안전한 결재가 이루어질 수 있도록 하는 시스템을 정비하는 일이 무엇보다 중요하다.

한국 농업의 길: 그들이 간절히 원하는 것을 아는가?

친환경농산물을 버려라

농민신문(2005. 2. 18)

농촌공간은 더 이상 농가와 농축산업의 전유물이 아니다. 농촌은 도시민의 휴양공간이자 문화공간이 되어 그들 삶의 질을 높이는 요소가 되고 있다. 또 쾌적한 농촌경관과 그 땅에서 생산된 농산물은 농가소득을 높여 주는 수단이 되고 있다. 이러한 도 · 농 상생의 비전이 실현되려면 우리 농업이 전체적으로 친환경농업체제로 전환되어야 한다.

그런데 이제까지 환경농업의 관심은 이른바 친환경농산물 생산에 집중되어 '무엇이 친환경농산물인가'라는 논쟁에 골몰하였다. 유기농산물만이 친환경농산물이라는 주장을 둘러싸고 논쟁을 벌이면서 한편으로는 코덱스(Codex)의 유기농산물 규정을 우리 실정에 맞게 고쳐야 한다고 주장한다. 정부가 어떤 농산물을 친환경농산물로 인증하고 얼마나 보조금을 주어야 하느냐를 둘러싸고 논쟁하고, 무엇을 친환경농업용품으로 인증할 것인가 논란하여 왔다.

이런 혼란을 끝내려면 이른바 친환경농산물도 하나의 상품으로서 시장에서 그 수급과 가격이 결정되어야 한다는 점을 인식해야 한다. 농산물의 안전성 기준을 설정하고 모든 농축산물이 그 기준을 준수하도록 감시하는 것은 정부의 역할이지만, 그 기준 내에서 생산방법을 정하고 그렇게 생산된 농산물의 공급규모와 가격을 결정하는 것은 생산자와 소비자의 권한이고 시장의 역할이기 때문이다.

앞으로 친환경농업정책은 친환경농산물 생산에 매달리지 말고 먼저 지역 내 물질균형문제에 초점을 맞추어야 한다. 현재는 누구나 기르고 싶은 만큼 가축을 기르고, 쓰고 싶은 만큼 비료를 쓴다. 그 결과 지나친 비료사용과 축산분뇨 발생으로 해마다 우리 농토가 감당할 수 있는 수준의 두 배 가까운 양분이 투입되고 있다. 이런 상태가 지속되면 더 이상 쾌적한 농촌을 기대할 수 없게 될 것이다. 따라서 유기질비료이건 화학비료이건 비료의 사용은 그 지역의 농지가 감당할 수 있는 수준으로 감축되어야 하고, 가축의 사육규모와 분뇨발생은 규제될 수밖에 없다. 농약사용이 생태적 안전기준 이하로 감축되어야 함은 말할 것도 없다.

농지정책도 앞으로는 농촌의 쾌적성을 유지한다는 친환경적 관점을 중시해야 한다. 조그마한 농지 한 필지의 형질변경과 전용, 작은 시설물의 설치와 건축이 그 지역 전체의 환경과 경관을 훼손시켜 도시민과 농가 모두에게 손해가 될 수 있다. 따라서 앞으로 농지의 전용과 시설물 설치 등 모든 개발행위는 그 지역의 환경과 경관을 훼손하지 않는 범위 내에서 이루어져야 한다.

이상의 두 가지 변화는 개별 농가의 이익과 공공의 이익이 충돌하여 저항과 갈등을 초래할 것이다. 저항과 갈등을 최소화하고 도·농 상생의 비전을 실현하려면 정부가 보상의 원칙을 확립하여 직접

지불제 등에 의해 이해의 상충을 조정해야 할 것이다. 이를 위해 재정수요가 크게 늘어나겠지만 그것이 국민 모두의 삶의 질을 높이는 길이라면 그 비용은 감수해야 한다. 농축산물은 수입할 수 있고 농가소득은 보전될 수 있지만 농촌의 환경은 수입할 수도 대체될 수도 없기 때문이다.

한국 농업의 길: 그들이 간절히 원하는 것을 아는가?

'다차'에서 미래를 찾자

농민신문(2005. 6. 27)

시베리아횡단열차는 블라디보스토크에서 모스크바까지 9,300km를 무려 150시간 동안 쉬지 않고 달린다. 갖가지 야생화와 시냇물이 수놓은 듯 펼쳐진 초원과 자작나무 숲이 끝없이 이어지고, 하늘과 땅은 원을 그리며 맞닿아 있다. 기차는 지는 해를 붙잡으려는 듯 서쪽으로 힘차게 달리고, 둥근 지평선 위를 황홀하게 물들인 저녁노을은 몇 시간이나 계속된다. 시간과 공간이 정지된 것 같은 착각에 빠진다. 그리고 그 대지의 아름다움과 광활함에 가슴이 시리다.

그런데 도시 근처에 이르면 작은 오두막집들이 옹기종기 모여 있고, 주변의 작은 텃밭이 잘 정돈되어 있어 눈길을 끈다. 이른바 '다차'라는 러시아식 주말농장이다.

1800년대 말 러시아는 농노를 해방하고, 이 광활한 대지를 가로지르는 철도를 완성하였다. 이에 힘입어 농업생산이 비약적으로 늘어나 세계 소맥수출의 30%, 대맥수출의 60%를 차지하고 옥수수도 총수출의 10% 이상을 차지하는 세계의 곡창이 되었다. 그러나 공산 혁명 이후 그 영광은 아르헨티나에게, 뒤이어 미국에게 넘어가고 소련은 세계 최대의 수입국으로 전락하고 말았다.

1970년대에 들어 심각한 식량부족문제를 해결하기 위해 소련은 도시 주변에 200~300평 규모의 땅을 노동자들에게 빌려 주고, 농사를 지어 필요한 식품을 스스로 마련하도록 하여 노동자들은 그 곳에 아주 조그만 집을 짓고 주말을 보내게 되었다.

그 때까지 일부 상류층만 소유하고 있던 별장, 즉 '다차'를 일반 노동자가 모두 갖게 된 것이다. '다차'의 텃밭은 놀라운 성과를 발휘하여 단위면적당 생산성이 국영농장과 비교할 수 없을 만큼 높았다. 이 보잘 것 없는 작은 텃밭이 사유와 시장경제의 위대한 힘을 보여 주었고, 드디어 공산정권의 몰락을 촉진하는 계기가 되었을지도 모른다.

이제 공산체제는 사라졌지만 주말마다 기차역과 외곽도로는 '다차'로 향하는 시민들과 승용차 행렬로 대혼잡을 이룬다. 시장에 가면 어디에서나 갖가지 모종을 사고파느라 야단이고 '다차'로 가는 도로변에는 어김없이 모종과 씨앗을 파는 상인들이 줄지어 있다. '다차'는 이제 러시아 시민에게 긴긴 겨울밤의 지루함을 달래 주는 음악, 발레와 함께 삶의 일부이자 없어서는 안 되는 문화가 되었다.

인천공항에서 서울로 돌아오는 길가 저편에 주말농장이란 팻말이 붙어 있고, 여러 가족들이 옹기종기 모여 채소밭은 가꾸는 모습이 보였다. 라디오에서는 "올 여름휴가를 어디에서 보내겠느냐"는 물음에 30%가 "유명한 바다나 산보다 한적한 시골에서 보내고 싶다"고 응답했다는 뉴스가 흘러나왔다.

러시아인이나 한국인이나 땅을 밟고 일구는 즐거움, 농촌의 자연 속에 푹 빠지는 행복감에 대한 갈망이 있다. 그 위에 눈과 귀를 즐겁게 하는 공연문화가 곁들여지면 금상첨화일 것이다. 그래서 농촌은 어미라고도 하고 조강지처라고도 했다. 어미답고 조강지처답게 그 갈망을 채워 줄 수 있어야 농촌이 살고 국민이 행복해질 것이다.

한국 농업의 길: 그들이 간절히 원하는 것을 아는가?

무엇이 삶의 질을 결정하는가

월간 국토 (2006. 4)

IT, BT, NT 등 첨단산업이 고부가가치 산업으로 각광받고 있다. 그러나 '건강을 파는 산업', '시간을 파는 산업'이 그러한 첨단산업 못지않게 많은 부가가치를 창출하는 산업이 되리라 생각한다. 주어진 시간을 얼마나 즐겁고 보람 있게 보낼 수 있는가가 삶의 질과 행복을 결정하는 가장 중요한 요소이고, 그것을 담보하는 조건이 건강이므로 두 가지 산업에 대한 수요는 무한히 증가할 것이기 때문이다.

따라서 우리 농업이 건강한 식생활을 보장하는 산업으로 소비자의 확실한 신뢰를 받을 수 있다면 수입농산물은 물론 의료산업, 건강용품산업과 경쟁하는 산업이 될지도 모른다. "밥이 보약이다"라는 이야기가 말해 주듯 훌륭한 농산물은 건강용품은 물론 의료서비스를 대체할 수도 있기 때문이다.

또한 우리 농촌이 도시민이 즐겁게 찾아오는 공간이 된다면 도시의 레저 · 스포츠산업이나 문화산업과 경쟁하는 고부가가치 창출 공간이 될 수 있을 것이다. 러시아와 북유럽의 공연문화는 긴긴 겨울밤 시간을 보내기 위한 수단으로 발전한 것이고, 라틴의 축제문화는 화창한 한낮의 시간을 즐겁게 보내려는 노력의 자연스런 결과물이라는 이야기가 있다. 요컨대, 시간을 즐겁고 보람 있게 보내려는 노력이 많은 다양한 문화를 창조해 냈던 것이다. 앞으로 쾌적한 자연 속에서 다양한 활동을 하며 시간을 즐겁게 보내려는 수요는 끝없이 늘어날 것이고, 농촌공간이 그런 도시민의 절실한 욕구를 충족시켜 줄 수 있는 문화상품이 될 것이다. 그런 의미에서 농산촌의 토지이용과 농업의 생산활동을 단순히 지금 당장의 농가경제문제를 해결한다는 편협한 시각을 넘어 국민의 삶의 질 향상이라는 넓고 긴 안목에서 사려 깊게 생각해야 한다.

먼저, 모든 농산촌의 토지이용과 생산활동은 농촌을 아름답고 쾌적하게 가꾸고 건강한 식품을 가꾸는 데 초점을 맞춘다는 패러다임이 중요하다. 농산촌지역 토지는 철저한 계획 아래 경관과 환경 그리고 문화가 보전되도록 이용 · 관리되어야 한다. 한 필지의 전용, 건물 · 시설물 한 채의 건축도 환경과 경관에 미치는 영향을 충분히 고려한다는 인식이 중요하고, 모든 국토정책과 농정은 이런 인식 위에서 수립되어야 한다.

최근 규제가 기업활동을 위축시키고 경쟁력을 약화시킨다는 이유로 토지이용 관련규제에 대한 비판이 많고, 지자체는 지역경제 활성화를 위해 '경제활동의 증진'이라는 잣대만으로 토지이용문제를 재단하려는 경향이 있다. 그러나 OECD 국가의 농촌지역에 대한 광범위한 조사결과 환경 · 경관 · 문화가 잘 보전된 지역에는 사람이 모이고 경제도 활성화되지만, 그렇지 못한 지역은 대부분 사람들이 떠나고 경제도 침체된다는 결과를 얻었다고 한다. 농촌의 기본 가치는 자연에 있음을 나타내는 것이다. 또한 농지는 농지로서 보전되어야 한다는 농본주의적 사고도 경계되어야 한다. 농지를 보전하기 위하여 수려한 산자락을 베어 경관과 환경을 파괴하는 우를 범해서는 안 된다.

우리 나라에서 최고의 환경과 경관을 자랑하던 양수리를 중심으로 하는 한강변은 무질서한 개발로 아름다움이 파괴되고 경제적 활력도 시들어가고 있음은 정말 가슴 아픈 일이다. 또 하나의 절경 변산반도는 양식시설이 난립하여 그 고고하던 아름다움을 상실하였고, 농산촌 곳곳에서 무분별한 형질변경과 건물 · 시설물 건축으로 환경과 경관이 망가져 버린 것을 발견할 수 있다. 조금 더 일찍 환경과 경관을 우선하는 토지이용계획을 수립하고 그에 따라 이용과 관리가 이루어졌어야 하였다.

다음은 농산촌지역에서의 모든 생산활동은 지역의 물질순환체계 내에서 이루어지도록 엄격하게 관리되어야 한다. 가축은 그 지역 내 농작물이나 기타 식물이 필요로 하는 영양소의 양을 초과하지 않는 범위 내에서 사육되어야 하고, 축산과 경종농업은 물질순환이 이루어지도록 연결되어야 한다. 다른 생산활동도 그 지역의 자정능력 범위 내에서 환경부하를 높이지 않는 방법으로 이루어져야 하고, 축산업의 입지는 환경과 경관의 보전이라는 목표에 합치되도록 규제되고 조정되어야 한다.

이를 위해서는 법률적 규제와 정책도 필요하지만 지역주민들이 지역의 환경과 경관, 문화가 국민들의 삶을 풍요롭게 하는 자원이자 그 지역의 부가가치를 높이는 기회가 된다는 데 대해 깊이 공감하는 것이 필요하다. 그러한 공감 위에 지역의 경관과 환경, 문화를 보전하기 위해 자율적으로 규범을 만들고 감시하는 거버넌스를 구축해 나가야 한다. 이에 맞추어 그런 주민의 자구적 노력을 뒷받침하는 법적 근거를 정비해 나가야 함은 물론이다.

여기서 잊지 말아야 할 것은 환경과 경관은 기본적으로 공공재이므로 이를 보전하기 위해서는 개인의 이익을 제한할 수밖에 없는 경우가 많고 그만큼 갈등이 생길 소지를 안고 있다는 점이다. 이 때 개인의 이익을 일방적으로 규제하려 하지 말고 규제에 대한 적절한 보상시스템을 만들어 합의를 이룰 수 있도록 해야 실효성을 확보할 수 있다. 유럽에서는 국토협약이라는 개념에 따라 경관과 환경보전을 위한 규제와 활동에 대해 보상제도를 확립하고 있다. 앞으로 우리도 이러한 목적의 직접지불제도를 세밀하게 마련해야 할 것이다.

한국 농업의 길: 그들이 간절히 원하는 것을 아는가?

판이하게 바뀐 한국 축산업의 환경

월간 낙농육우(2006. 5)

1990년대 이후 우리 나라 축산업은 어느 분야보다 크게 발전하였다. 우루과이라운드 타결과 외환위기의 충격을 겪으면서도 산업규모는 괄목할 만한 성장을 이루었고 규모화와 수직통합을 통해 다른 어느 부문보다 빠르게 구조조정이 이루어졌다. 그 결과 생산의 효율성이 향상되고 경쟁력도 그만큼 향상되었다. 이 같은 성장과 발전은 우선 축산물에 대한 수요가 지속적으로 증가하고, 특히 고급화되면서 우리 나라 축산업의 시장규모가 꾸준히 늘어날 수 있는 여건이 형성되었던 데 있다. 또한 우루과이라운드 이후 비록 관세율은 낮아졌지만 외환위기로 환율이 급등하여 수입축산물의 가격을 큰 폭으로 상승시키는 요인이 있었던 것도 좋은 환경을 만들어 주었다.

그러나 올해 들어 한 · 미 자유무역협정을 위한 협상이 전격적으로 시작되면서 축산부문은 미래에 대한 불안감에 휩싸여 가장 민감한 반응을 보이고 있다. 그러나 한·미 자유무역협정에 앞서 우리 나라 축산업을 둘러싼 환경은 이미 매우 중대한 변화를 예고하고 있었다.

그 변화는, 첫째 축산물의 수요가 더 이상 증가하지 않거나 도리어 감소하는 단계에 진입하고 있다는 것이다. 본래 어떤 농축산물이나 경제발전에 따라 수요가 급증하다가 어느 수준에 도달하면 수요가 정체하고 드디어 감소하는 단계에 진입하는 이른바 '수요의 라이프사이클'을 가지고 있는데, 최근 건강에 대한 관심증가로 이 '라이프사이클' 현상이 좀더 당겨지고 있다.

둘째, 환율이 지속적으로 하락하여 수입축산물의 가격을 하락시키게 되어 있다는 것이다. 이미 환율이 달러당 950원대로 떨어졌지만 앞으로 무역흑자가 계속되는 한 환율은 하락한다고 보아야 하고 이것은 1990년대의 환경과는 판이한 것이다.

셋째, 환경문제이다. 널리 알려진 대로 축산업에서 배출되는 분뇨의 양이 우리 나라 농지가 감당할 수 있는 한계를 넘어서고 있고 지역에 따라서는 매우 심각한 수준에 와 있다. 축산업이 이러한 환경문제를 해결할 수 있는 대안을 마련하지 못하면 환경문제로 이제까지와 비교할 수 없을 만큼 큰 시련을 겪게 될 것이다. 왜냐하면, 앞으로 농업과 농촌의 가치는 농축산물을 생산하는 것보다 모든 국민이 쉬고 즐길 수 있는 공간을 제공하는데 있고, 그러한 가치를 훼손하는 활동은 설 자리를 잃어버리게 될 것이기 때문이다.

한편, 우리 나라 축산업은 산업으로서 취약점을 가지고 있다. 먼저 수입사료 의존도가 높아서 생산액 중에서 국내에 귀속되는 부가가치 비중이 30% 수준에 머물고, 중·소가축일수록 그 비중은 더 낮다. 따라서 생산액으로는 농업에서 차지하는 비중이 26%가 되지만 부가가치로 보면 12%, 고용 비중으로는 9%로 낮아진다. 즉, 생산규모에 비해 정치 · 사회적 중요성이 떨어진다는 것이며 이런 점이 세계화 과정에서 정치적 약점으로 작용할 가능성이 있다.

이상과 같은 도전에 비하면 한 · 미 자유무역협정의 충격은 작은 것일 수도 있다. 왜냐하면, 현재 축산물의 관세가 소고기는 40%, 돼지고기와 닭고기는 22.5%이므로 설령 관세가 철폐된다 하더라도 수입가격이 18~29% 하락하는 영향을 나타낼 것이다. 축산물의 품질과 브랜드에 따른 가격 차이가 점점 더 커질 수밖에 없다는 사실을 고려하면 관세감축이 우리 나라 축산업에 미치는 영향은 우리가 생각하는 것보다 훨씬 작을 수 있다고 생각한다. 이미 우리는 1990년대에 쿼터철폐와 관세감축의 충격을 딛고 오늘에 이른 것이다.

이상과 같은 사실들을 고려한다면 축산업은 확실하게 환경문제를 해결할 수 있는 대안을 마련하여 실천해 나감으로써 쾌적한 농촌환경을 국민에게 제공하고, 품질과 안전성을 확실하게 담보할 수 있는 상품을 소비자에게 공급하는데 최우선의 관심과 노력을 기울여야 할 것이다. 따라서 축산업계는 이제부터 과거와 같은 양적 성장을 지양하고 최적규모를 향해 과감한 생산조정을 추구하는 한편, 좁은 국내에서 모든 것을 해결하려 하지 말고 글로벌 공급체계를 만들어 나가는 방향으로 시야를 넓혀야 한다. 한 · 미 자유무역협정 때문이 아니라 축산업을 둘러싼 모든 환경이 1990년대와는 판이하게 변하고 있기 때문이다.

무엇이 낙농산업을 위협하는가?

서울우유 (2006. 11)

한국 낙농에 미래가 있는가? 낙농에 관심을 기지고 있는 사람이라면 누구나 이런 의문을 가지고 있을 것이다. 더구나 한 · 미 자유무역협정이 추진되면서 이 질문이 더욱 절실하게 다가오고 있다.

이 질문을 생각하기에 앞서 우선 분명히 해야 할 것은 우리 나라 낙농업이 반드시 국경보호에 의해 유지되고 있는 것은 아니라는 것이다. 현재 관세율이 176%인 분유와 89%인 버터를 제외하면 시유를 포함한 모든 유제품은 관세율이 36~50% 수준이다. 버터의 관세가 비교적 높지만 낙농산업에서 차지하는 비중이 아주 낮으므로 버터의 관세가 높아서 낙농업이 유지되고 있다고 보기는 어렵다. 분유는 고관세이지만 조제분유의 관세가 36%이어서 사실상 국경보호 역할을 제대로 하지 못하고 있음은 잘 알려진 바와 같다. 관세율이 36~50%인 나머지 유제품은 관세철폐시 수입원가가 27~33% 낮아지는 효과를 나타내지만 이 정도의 원가하락은 지난 몇 년 사이 환율하락으로 이미 경험한 수준이고, 수입품의 국내판매가격은 브랜드에 따라 그리고 수입상의 마진율 변화로 이보다 더 큰 변화가 언제라도 나타날 수 있다. 따라서 관세 때문에 낙농업이 유지되고 있고, 관세가 대폭 낮아지거나 철폐되면 그것 때문에 낙농업이 곧 위기에 처하게 된다고 말하기는 어렵다. 더욱이 국내에서 생산된 원유의 대부분을 차지하는 시유는, 관세 36% 때문이 아니라 수입이 어려운 제품의 특성 때문에 수입이 안 되고 있음으로 관세철폐의 의미가 크지 않다고 생각된다.

요컨대, 낙농산업의 발전은 국경보호에 의해 이루어진 것이 아니라, 비약적 소비증가와 농업부문 가운데 가장 괄목할 만한 구조조정과 기술발전에 의해 달성된 것임을 인식하고 미래를 바라보아야 한다.

이제 낙농산업의 미래는 관세율보다 한국의 낙농품이 소비자의 선택을 받을 수 있을 것인가? 하는 데 있다고 생각한다. 즉, 낙농산업 존망의 결판은 슈퍼마켓의 진열대에서 결정되며, 진열대에 선 소비자의 선택기준은 단순한 가격 차이가 아니라 훨씬 복잡하고 미묘하다는 사실을 주목할 필요가 있다. 우리는 과연 소비자가 우유를 마시며 무엇이 불만이고 무엇을 걱정하는지 진지하게 생각하고 연구하고 있는가? 그들이 왜 우유를 마시는지, 왜 유제품을 사 먹는지 생각해 보았는가? '우유는 최고의 식품이므로 건강을 위해 당연히 마셔야 하는 식품이다' '학교에서 급식을 해서라도 먹게 해야 한다' 정도의 생각에 머물러 있어서는 안 될 것이다.

세계적 베스트셀러였던 『블루오션 전략』의 저자 김위찬 등은 새로운 시장과 상품의 출현은 반드시 새로운 기술에서 나오는 것이라기보다 소비자가 진정으로 원하는 것, 때때로 소비자 자신도 의식하지 못하던 바람을 찾아내 그것을 만족시킬 수 있도록 기존 상품의 내용이나 형태를 바꾸어 소비자가 느끼는 가치를 높이는 데 있다고 주장한다. 더욱이 그것을 소비자가 기꺼이 선택할 수 있을 만큼의 가격에 공급하여 소비자의 이익을 극대화시키는 것이 이른바 가치혁신이고, 그렇게 이룩된 신시장과 신상품이 바로 경쟁 없는 블루오션이라고 말한다. 그들은 이제까지 포도주가 품종, 산지, 연산, 양조자, 병입자 등 복잡하고 까다로운 표시로 비용은 상승하고 보통 소비자는 접근하기 어렵다는 것을 간파한 호주의 포도주업자가 아주 알기 쉬운 포도주 브랜드를 만들어 새로운 시장을 개척한 사례를 소개한다.

요컨대, 일단 상품을 생산한 후 어떻게 팔 것인가를 생각하는 것이 아니라 먼저 소비자가 진정 원하는 것을 발견하고 그에 맞도록 상품을 만들어야 한다는 것이다. 새 상품은 반드시 새로운 제품일 필요는 없다. 상품의 본질은 그대로이지만 소비자가 진정 원하는 정보를 표시해 주는 것 하나만으로도 새 상품이 될 수 있고, 소비자가 새로운 감성과 의미를 느낄 수 있도록 함으로써 신상품이 될 수도 있다.

소비자가 진정 원하는 것 가운데 하나는 누구나 말하는 안전성이다. 소비자는 항생제, 고름, 호르몬 등 우유를 마시며 여러 가지 불안을 느낀다. 과연 소비자의 이런 불안을 말끔히 씻어 줄 수 있는 방법이 없을까? 이런 불안이 있는 한 우유소비는 늘어날 수 없을 뿐만 아니라 크게 줄어들 가능성이 많으므로 안전성을 보장하기 위해서는 낙농가와 유제품 업체가 살을 베이는 아픔도 감수해야 할 것이다. 엄격한 리콜제와 손해보상제도를 도입하여 안전성을 담보할 수 있어야 할 것이다.

과잉섭취와 비만이 누구나의 관심인 지금, 영양분이 풍부해서가 아니라 멋과 즐거움을 느끼기 위해 우유를 마시게 할 방법은 없는가도 생각해 보아야 한다. 버터, 치즈, 요구르트 같은 유제품은 우리에게 어떤 의미가 있는 식품인가? 누가 왜 먹는가? 양식당과 패스트푸드점의 식자재로서 치열한 가격경쟁을 할 것인가, 국내산 우유로 만든 의미 있는 명품 브랜드를 지향할 것인가? 진지하게 연구해야 한다.

한편, 낙농산업은 더 나아가 국민의 사랑을 받을 수 있어야 하고 그래야 낙농업의 존재 이유를 발견할 수 있게 될 것이다. 농촌의 경관을 아름답게 하고 깨끗한 농촌을 만들어 가는데 기여하여 국민의 삶의 질을 높일 수 있어야 한다. 왜냐하면, 앞으로 환경은 모든 것에 우선하여 국민의 생각을 지배하는 요소가 될 것이기 때문이다. 따라서 모든 농업, 특히 축산업은 자원순환 속에 이루어져 환경부하를 최소화해야 한다. 정부의 규제 차원을 넘어 축산인 스스로 주도적으로 환경문제를 해결할 방도를 찾아 나섬으로써 지역주민의 사랑을 받을 수 있도록 해야 한다. '먹거리를 생산하는 산업'이므로 보호되고 용인되어야 한다는 생각에 안주해서는 미래를 기약하기 어렵다. 축산업의 위기는 밖에서보다 안에서 국민과 지역의 지지와 사랑을 받지 못하는 데서 올 가능성이 훨씬 높다고 생각하기 때문이다.

끝으로 낙농업의 위기는 내부적인 수급조정능력을 상실하는데서 올지도 모른다는 점을 명심해야 한다. 우유는 송아지 입식에서부터 생산까지의 긴 시차, 생산과 소비의 계절성 때문에 항상 수급이 불안할 수밖에 없다. 그런데 수급의 불균형은 낙농경영을 위협하는 가장 무서운 요인이다. 따라서 어떻게 수급불균형을 방지하고 조정하여 낙농경영을 안정시킬 것인가? 이 문제를 낙농인들이 주도적으로 해결할 방도를 스스로 찾아 내야 한다. 세계 모든 나라의 낙농은 수급문제를 조정하는데 많은 노력을 기울였고 그러한 노력의 결과 낙농산업이 유지될 수 있었음을 주목해야 한다.

낙농업에 미래가 있는가? 이 질문에 대한 답은 이미 정해져 있는 것이 아니라 앞으로 낙농인들의 치열한 연구와 주도적 노력에 의해 결정될 것이다. 정부의 역할은 그에 비해 매우 적고 제한적이라고 생각한다.

열정과 냉정의 기억: 더 높은 곳을 향한 비상

가슴 뛰는 의욕과 열정의 시작

모두 우리를 바라보고 있다

해야 될 일을 하지 않는 것은 죄악이다

문화를 바꾸어야 산다

팔리지 않는 보고서는 쓰레기다

열정, 탐구, 통찰

가슴뛰는 의욕과 열정의 끝

열정과 냉정의 기억: 더 높은 곳을 향한 비상

가슴 뛰는 의욕과 열정의 시작

(2002. 5. 20)

제가 35살이 되던 1980년 5월 연구원에 첫 출근을 한 지 이달로 꼭 22년이 되었습니다. 그 동안 선후배 · 동료 여러분과 같이 일하고, 토론하고, 논쟁하면서 저는 많은 것을 배우고 익혀 성장하였고, 오늘 원장의 책무를 맡게 되었습니다. 22년을 몸담아 온 연구원, 그리고 저와 어깨를 부딪치며 하루하루를 보내온 연구원 가족 여러분은 저의 가정, 저의 가족 다음으로 소중하고 고마운 존재라고 생각합니다. 연구원을 대표하고, 경영을 책임진 원장에 취임하면서 "이렇게 소중한 연구원과 연구원 가족 여러분에게 무엇을 해 줄 수 있을 것인가?" 하는 질문이 나를 두렵게 하고 있습니다.

초대 김보현 원장님으로부터 전임 강정일 원장님에 이르기까지 여섯 분의 원장님들께서는 연구원의 기틀을 닦고 굳혀 발전의 발판을 마련하셨고, 연구동 건설과 장비확충으로 연구환경을 꾸준히 개선하셨으며, 또 끈질긴 예산확보, 부지런한 연구관리 노력으로 연구원의 위상을 한층 한층 더 높이 쌓아 올리셨습니다.

동시에 이 자리에 계신 여러분은 물론 연구원을 떠난 많은 선배·동료들이 때로는 밤을 새우거나 휴일에도 출근하여 가정생활을 희생하면서 좀더 나은 연구결과를 얻으려고, 또 이를 지원하려고 성의와 노력을 아끼지 않으셨습니다.

그러한 모두의 땀과 희생 위에 오늘 연구원은 국내외에 널리 그 명성이 알려졌고, 그 권위를 인정받게 되었습니다. 이렇게 우뚝 서 있는 연구원의 어느 구석에 어떤 돌을 쌓아 연구원을 더욱 튼튼히 하고, 그 안에서 우리 모두가 보람 있고 알차게 일하고, 또 때가 되면 명예롭게 떠날 수 있도록 할 수 있을 것인가? 저는 원장에 응모하기까지 이 같은 질문을 여러 번 되뇌었습니다.

그러나 저를 더 두렵고 불안하게 하는 것은 앞으로 수 년간이 우리 나라 농업과 농촌의 앞날을 결정하는 더없이 중요한 시기라는 것입니다. 내년에 마무리 될 예정인 DDA 협상, 2004년에 시작되고 끝나야 할 쌀 관세화 유예 협상, 그리고 언제 급물살을 탈지 모를 FTA 등 농업과 농업인에게 비수가 될 수 있는 도전이 우리 앞에 버티고 서 있습니다. 우리 농업과 농촌이 이 도전의 칼날을 꺾고, 도리어 새로운 기회를 찾아 나서 신시대를 열게 하는데 우리 연구원은 무엇을 어떻게 하여야 할 것인가? 이 질문을 반복하면서 저는 두려움과 동시에 가슴을 뛰게 하는 의욕과 열정을 느낍니다. 저는 여러분의 능력과 의지를 믿습니다.

여러분이 저와 함께 지금까지보다 좀더 열심히, 좀더 열정을 가지고 일해 주신다면, 그리고 제가 지금까지보다 더 분명한 비전과 전략을 가지고 여러분의 능력과 노력을 한 곳에 모을 수 있다면, 한국농촌경제연구원은 훗날 그 때 그 시대가 요구하는 역할과 임무를 잘 해 냈다는 평가를 받을 수 있을 것이며, 우리는 자랑스럽게 이 시기를 뒤돌아 볼 수 있을 것이라고 확신합니다.

우리가 이 일을 해 내기 위해서는 "연구원이 어디로 어떻게 가야 하는지" 하는 비전, 그리고 "그 비전을 실현하기 위해 무엇을 어떻게 해야 하는지" 하는 전략을 우리 모두가 인식하고 공유함으로써 모두의 힘이 한 방향으로 모아져야 합니다. 그런 의미에서 오늘 취임사의 자리를 빌려 제가 생각하는 연구원의 비전과 발전전략 그리고 경영계획을 여러분께 간략히 말씀드리려 합니다.

우리는 농업계, 비농업계, 정부 등 모든 이들의 신뢰를 받아, 우리 농업과 농정의 변화를 선도하는 연구원이 되어야 하겠습니다. 이를 위해 변화와 위협, 그리고 기회를 알리는 메신저이자 선택가능한 다양한 대안을 제시하는 표지판, 그리고 우리가 가야 할 방향을 지시하는 신호등의 역할을 수행해야 합니다.

그러기 위해서 우리는 연구결과로 승부하는 단단한 연구소, 현안에 대해 신속하게 대안을 제시하는 민첩한 연구소, 경영이 투명하고 내실 있는 반듯한 연구소, 국내외에 넓은 네트워킹을 갖춘 열린 연구소를 지향해야 합니다.

우리 연구원은 농업인, 정부, 지자체 그리고 농수산업계 등 우리 제품의 수요자를 만족시키는 연구를 수행해야 하겠습니다. 그러나 동시에 기초 연구를 꾸준히 하여 충분한 실증연구 결과를 축적하고 있어야 우리 제품의 수요자들을 신속하고도 지속적으로 만족시킬 수 있다고 생각합니다.

한편, IT기술을 적극 활용하여 통합정보 시스템과 지식공유 시스템을 첨단화함으로써 연구의 생산성을 높이고 관리체계를 효율화하겠습니다. 또한 연구원 조직을 연구센터, 정책연구부, 연구지원부 단위로 개편 · 정비하고 권한을 위임하여, 조직의 역동성을 높임으로써 수익모델을 적극 개발하고, 주요 국가적 정책과제에 확실한 대안을 신속하게 제시할 수 있도록 하겠습니다.

저는 비전과 전략을 제시하고 연구원의 역량을 한 곳으로 모으는 지휘자로서의 소임을 다하도록 노력하겠습니다. 저는 모든 일을 공정하게 성의를 다하여 처리하겠습니다. 여러분도 모든 업무를 공정하고 투명하게 성의를 다해 처리해 주십시오. 또한 저는 여러분이 어느 때보다 자유분방한 분위기에서 여러분의 창의력과 열정을 펼칠 수 있도록 하겠습니다. 그러나 동시에 그에 맞는 책임을 엄격하게 물을 것입니다.

제가 제안한 비전과 경영계획에 대해 여러분의 기탄 없는 의견을 수렴하겠습니다. 여러분의 의견이 수렴되어 계획이 확정되면 확실하고 강력하게 추진해 나가겠습니다. 저에게 용기를 주시고, 힘을 실어 주시기 바랍니다.

저는 앞으로 3년간이 저의 연구원 생활을 명예롭게 마감하고, 훗날 자랑스럽게 회상할 수 있는 기간이 되도록 하고 싶습니다. 그러기 위해 저의 역량과 성의를 다해 일하겠습니다. 여러분, 저에게 신뢰를 보내 주시고, 제가 하는 일에 협력을 아끼지 말아 주십시오. 감사합니다.

열정과 냉정의 기억: 더 높은 곳을 향한 비상

모두 우리를 바라보고 있다

(2003. 1. 2)

농업의 비중은 점점 줄어들어서 국민총생산의 5%도 안 되고, 농과대학의 인기는 날로 떨어져 대학과 학과의 이름이 바뀌거나 통폐합되고, 또 대학원에는 학생이 줄어들어 농대 교수들은 활로를 찾기 위해 고심하는 것을 여러분도 잘 알고 계실 것입니다.

그런데 우리 연구원은 해야 할 일이 날로 늘어나고 있습니다. 그만큼 우리가 활동할 수 있는 영역은 넓어지고 있고, 우리가 능력을 발휘할 수 있는 기회는 늘어나고 있다고 생각합니다.

금년 2월에 WTO 농산물 협상에서 이른바 모델리티에 관한 의장 초안이 발표되면 그 의미가 무엇인지, 그것이 우리 농업에 어떤 영향을 줄 것인지, 우리는 어떻게 해야 할 것인지 하는 것을 둘러싸고 엄청난 소용돌이가 칠 것입니다. 그 때 많은 사람은 우리를 쳐다볼 것입니다. 곧 이어서 그 모델리티에 따라서 우리의 개방 스케줄을 제출하는 작업이 진행될 것이고, 그 일에도 우리 연구원은 중요한 역할을 해야 할 것입니다.

칠레와의 FTA 비준안이 국회에 상정되면 찬반논란이 가열될 것입니다. 만약 비준이 안 된다면 앞으로 다른 나라와의 자유무역협정도 불가능한 상태에 빠지기 쉽기 때문에 비준될 수밖에 없을 것으로 예상됩니다. 결국 국내대책을 어떻게 세워야 할 것인가 하는 문제가 쟁점이 되어 논란이 이루어질 것이고, 그 때 우리는 합리적인 대책을 제시하여 이 난제가 원만히 해결되도록 해야 할 책임이 있습니다.

지난 연말에 보도된 대로 일본이 자유무역협정 논의를 본격적으로 시작하자는 제안을 하고 있고, 작년 12월 아세안+3 회의에서 아세안과의 자유무역협정을 둘러싸고 중국과 일본이 주도권 싸움을 하는 것을 잘 보았습니다. 우리도 물러나 있을 수만은 없을 것입니다. 더 나아가서 동북아시아 지역의 비즈니스센터 기능을 하겠다는 국가발전전략으로 볼 때 동북아시아 지역의 자유무역문제, 이것은 조만간 현실문제로 등장할 것입니다. 이러한 국가전략의 성패를 가늠하는 핵심적인 쟁점은 농업부문이 될 것입니다. 어떤 대안이 있는가? 어떤 문제해결방안이 있는가? 하는 요구가 우리에게 쏟아질 것입니다.

지금 북한 핵문제가 모두의 관심사이고 대단히 위험한 상황으로 치닫고 있지만 이것이 잘 해결된다면 북한의 개혁·개방은 본격화되고, 이 때 과연 북한 농업의 개혁·개방을 위하여 우리가 무엇을 어떻게 해 줄 수 있는지를 묻는 다급한 요구가 쇄도할 것입니다.

수입개방은 늘어나고, 정부의 시장개입 폭이 점점 줄어들수록, 또 경영이 전문화될수록 생산정보뿐만 아니라 해외정보, 물류정보, 소비자정보 등 다양한 정보에 대한 요구는 날로 커지고 그러한 정보를 제공해야 할 책무는 더 절실해질 것입니다. 농촌지역 개발의 중요성, 그리고 지방자치단체 농정의 중요성이 강조되고 있으므로 관련분야의 연구수요 또한 날로 늘어날 것입니다. 우리는 앞으로 도·군 등과 긴밀한 관계를 유지하면서 이 분야 연구에서 지도적인 역할을 수행해야 할 것입니다.

더 나아가서 OECD 국가의 일원으로서 개도국에 대한 지원은 점점 늘어나고, 시장개방 확대에 따라서 많은 개도국들의 농업·농촌문제가 우리가 개발연대에 경험했던 것보다 훨씬 심각한 상황에 직면할 것이므로 개도국 농촌개발지원이 늘어날 수밖에 없을 것입니다. 그 분야에서 우리는 어떤 역할을 할 것인가를 깊이 생각해야 하고, 조만간 우리가 적절한 역할을 할 것을 요청하는 수요도 크게 늘어나리라 봅니다.

우리 연구원의 역할에 대한 요구와 수요는 이렇게 팽창하고 있습니다. 그런데 우리 사회에는 농업·농촌문제의 현실 인식과 그 대책방향을 둘러싸고 현격한 인식의 차이와 갈등이 존재하였습니다.

작년 11월, 농업강국이지만 저 멀고 작은 나라 칠레와의 FTA 협상이 타결되어 농민들의 격렬한 시위가 벌어지고 있던 바로 그 때, 아세안+3 회의에서는 중국과 일본이 아세안과의 자유무역협정 주도권을 차지하려는 경쟁을 벌였고, 우리 나라가 거기에서 소극적인 입장을 취했다 하여 모든 일간지들이 사설과 칼럼을 통해 자유무역협정에 소극적임을 비판하고, 동북아시아 지역의 자유무역협정을 시급히 추진해야 한다고 공통적으로 주장하였습니다. 우리가 작은 나라 칠레와의 FTA에 대해 민감하게 반응하는 것에 비해서 국가적인 요청은 훨씬 앞서 가고 있음을 극명하게 보여 주는 사건이었습니다.

WTO 협상에서 수출국들은 모든 농산물의 관세상한을 25%로 하고 국내보조는 55%나 감축하자고 주장하고 있습니다. 그런데 지금 우리는 쌀의 관세화 가능성을 논의하는 것조차 대단히 어려운 분위기에 있습니다.

이러한 인식의 차이가 우리 연구원에게 요구하는 것은 많지만 우리가 그 문제에 대해서 연구하고 활동하는 것을 제약하고 있습니다. 따라서 우리는 원훈에 따라 '넓은 시야'를 가지고 국내외 정보를 광범위하게 수집하고, 이를 바탕으로 우리 원훈이 이야기하듯 '깊은 연구'를 하여 이 제약조건을 극복해 나가지 않으면 안 됩니다.

요컨대, 우리가 어떤 부서에 있건, 어떤 팀에서 일을 하고 있건 우리가 해야 할 일이 너무나 많고, 우리를 필요로 하는 곳이 너무나 많고, 우리를 필요로 하는 순간이 너무나 많다고 생각합니다. 자기를 필요로 하는 곳이 이렇게 많다는 것, 그리고 자기를 필요로 하는 순간이 이렇게 많다는 것은 개인적으로 큰 축복이라고 생각합니다. 이보다 개인적으로 더 보람 있는 일은 없을 것입니다. 그런 가운데서 연구원의 위상은 제고되고, 연구원의 존재가치가 인정되어 우리 연구원 한 사람 한 사람이 긍지를 가질 수 있으리라 생각합니다.

우리에게 주어진 이와 같은 기회를 활용하기 위해서 우리에게 필요한 것은 무엇인가? 우리가 가지고 있는 것은 무엇이고, 올해 새로이 만들어야 할 것은 무엇인가? 같이 짚어보고자 합니다.

첫째, 우리 모두가 스스로에 대해 긍지를 가지는 마음이 제일 중요하다고 생각합니다. 우리 연구원 원훈에 '높은 긍지'라는 말이 있습니다. 그야말로 높은 긍지를 가지는 것이 지금 이 순간에 매우 필요합니다. 우리는 스스로를 비하하는 생각을 너무 많이 가지고 있습니다.

그러나 우리가 하고 있는 일이 얼마나 중요한 것인지, 우리가 사회에 대해서 얼마나 중요한 일을 하고 있는지 스스로 잘 생각해 보시길 바랍니다. 우리는 우리가 생각하는 것보다 훨씬 많은 영향력을 가지고 있습니다. 그것은 정치적인 권력을 가지고 있어서가 아니라, 우리 나라 최대의 농업문제 전문가집단이기 때문입니다. 제가 생각하기에 다른 어떤 출연기관들이 가지고 있는 영향력보다, 그리고 다른 나라 어떤 농업연구기관이 가지고 있는 것보다 우리의 영향력은 결코 작지 않다고, 아니 도리어 크다고 생각합니다. 우리가 영향력이 있기 때문에 주목을 받고, 때에 따라 정부 부처와 갈등하기도 하는 어려움이 있을 수 있습니다. 저는 그런 갈등과 어려움을 이렇게 긍정적으로 생각하는 자세가 필요하다고 생각합니다. 제가 여러분에게 간곡히 부탁드리고 싶은 것은 이제부터 우리의 역할, 우리가 하고 있는 일의 중요성을 깊이 생각하고 긍지를 갖자는 것입니다.

두 번째 부탁드리고 싶은 것은 협동과 조직화의 문화입니다. 1997년에 『21세기를 향한 한국 경제의 재도약』이란 부즈알렌사의 보고서가 나왔습니다. '부즈알렌사'라는 국제컨설팅회사가 한국 경제 전반을 짧은 기간에 조사 · 분석해서 한국 경제가 나아가야 할 길을 제시한 보고서로서 당시 대단히 많은 관심을 끌었고 널리 읽혔던 보고서입니다. 외국의 컨설팅회사가 한국 경제라는 광범위한 문제에 대해 짧은 기간에 우수한 보고서를 낼 수 있었던 비밀은 어디에 있었을까? 그것은 바로 끊임없이 자료를 축적하고, 정보 네트워크를 구축하고, 분석적 연구를 축적하는 데 있다고 생각합니다. 그런 기반이 갖추어져 있었기 때문에 어떤 문제가 제기되었을 때 어느 한 사람을 코디네이터로 하여 관련분야 전문가들이 팀을 구성하여 일사불란한 협조체제를 갖춤으로써 민첩한 연구가 가능하였다고 생각합니다.

그렇기 때문에 제가 우리 연구원의 비전으로서 '민첩한 연구소'를 제창하는 것이고, 그러기 위해서 기본 연구를 강조하는 것이고, 어떤 정책문제가 제기되었을 때 한 사람의 코디네이터를 중심으로 일사불란한 협동체제를 만들어 갈 수 있는 문화를 만들어 가는 것이 대단히 중요하다고 주장하는 것입니다.

우리는 앞으로 기본 연구과제를 확대하고 그 질을 높여 나가야 하겠습니다. 기본 과제의 경우 반드시 큰 보고서를 쓰려고 생각하지 말고 하나의 논문으로서 마감해도 좋고, 워킹페이퍼로 마감해도 좋습니다. 작지만 정말 깊이 있는 연구가 되어 어떤 정책적인 이슈가 생겼을 때에 그야말로 작은 벽돌로서 요긴하게 쓰일 수 있는 그런 연구들을 끊임없이 축적해 나아가야 합니다. 그것이 바로 우리 원훈이 이야기하는 '깊은 연구'입니다. 훌륭한 기본 과제의 축적 없이는 좋은 정책연구도 할 수 없습니다. 기본 과제 보고서는 정책제안에 집착하지 마시기 바랍니다. 우리는 정책연구 콤플렉스 같은 것에 빠져 성급히 정책대안을 제시하려는 경향이 있습니다. 그러나 현상을 깊이 있게 분석하여 독자에게 전달하고 싶은 메시지만 분명하면 그것으로 충분하다고 생각합니다.

짧은 기간에 부즈알렌 보고서와 같은 좋은 보고서를 만들기 위해서는 연구네트워크 구축이 대단히 중요하다고 생각합니다. 올해 농협중앙회로부터 한 사람의 전문가를 파견 받기 위해 지금 이야기가 진행되고 있고, 다른 관계기관으로부터도 가능하다면 인력을 파견 받으려고 합니다. 필요하면 대학 교수도 초청연구원으로 와서 활동할 수 있도록 하여–우리가 급료를 지급한다는 뜻이 아니라 각자의 필요성에 의하여 찾아오도록 열어 놓아－우리와 같이 연구할 수 있도록 하겠습니다. 또한 관계기관 사람들을 초청하는 세미나를 자주 열어서 현장의 문제가 어떻게 돌아가고 있는지, 그들은 과연 무슨 생각을 하고 있는지 같이 이야기하는 기회를 늘려 나가려고 합니다. 작년부터 시작된 인터넷 연구포럼을 적극 활용하여 공통 관심사를 가지고 있는 원내외 사람들이 활발하게 정보와 의견을 나누게 되기를 기대합니다. 이렇게 하여 우리 연구원이 각 분야에 넓은 네트워크를 구축하고, 필요하면 그 네트워크를 동원해서 짧은 기간 내에 연구결과를 낼 수 있는 시스템을 만들어 가야겠습니다. 이것이 바로 제가 우리 연구원의 비전으로서 '열린 연구소'를 제창하는 이유입니다.

해야 될 일을 하지 않는 것은 죄악이다

(2003. 5. 3)

연구원이 개원된 지 이제 25년, 사반세기가 지나고 있습니다. 개원 당시 꿈과 열정을 가지고 연구원에 모여들었던 개원 1세대들은 이제 거의 연구원을 떠나 은퇴하였거나 은퇴를 앞두고 있습니다. 한 세대가 지나가고 있음을 실감하면서 깊은 감회에 젖어들게 됩니다.

연구원이 출범하던 1978년은 우리 나라 경제가 개방화 시대로 접어들기 시작하여, 도 · 농 간 소득격차는 확대되고 농업부문은 위기감에 휩싸여 있던 때였으므로 그만큼 연구원의 개원은 농업 내외에 비상한 관심과 기대를 받았습니다. 그 후 25년 동안 연구원에는 많은 인재들이 모여들어 산업화 · 국제화의 격랑 속에 떠내려가는 농업 · 농촌을 붙잡아 바로 세우기 위해 온갖 노력을 다하였습니다. 그간 우리 연구원의 머리와 손길을 거치지 아니한 농업 · 농촌정책이 없을 만큼 우리는 많은 일을 해 냈고, 그런 의미에서 정말 우리는 농정의 산실이라고 자부하여도 좋다고 생각합니다. 이 같은 성과는 그 동안 열정과 책임감을 가지고 일한 전·현직 임직원 여러분의 땀의 결정이라고 생각하며, 그런 뜻에서 연구원을 떠난 분들, 연구원을 지키고 있는 분들 모두에게 깊은 경의를 표하고 싶고, 전·현직 임직원 모두를 우리 연구원 가족이라고 부르고 싶습니다.

그러나 연구원을 둘러싼 여건은 급변하고 있고, 이제 연구원은 새 시대의 요구를 깊이 새겨야 할 것입니다. 쌀이 부족한 것이 문제였던 시대에서 남는 것이 문제인 시대로, 증산이 최고의 목표였던 시대에서 환경과 안전성이 최우선이 되는 시대로 변하였습니다. 농산물 시장의 개방을 우리가 결정하던 시대에서 WTO의 규범이 결정하는 시대로, 생산자 중심의 사고에서 소비자와 도시민을 우선 생각해야 하는 시대로 바뀌었습니다.

또한 정부는 연구원의 경쟁력과 자생력을 강도 높게 요구하여, 정부 출연금에만 의존하던 예산구조가 자체 수입의존율을 해마다 높여 나가야 하는 구조로 변하고 있습니다. 이러한 변화에 대응하여 그간 연구원은 많은 변화를 겪었습니다. 시대변화에 맞는 연구과제를 발굴하고, 새로운 인재와 기법을 동원하여 효용성 높은 상품을 생산하려고 노력해 왔습니다. 연구조직이 소규모 연구실체제에서 연구센터체제로 바뀌었고, 연공서열 급여체제에서 개인별 실적 평가에 의한 연봉체제로 개편되었습니다. 모든 업무처리는 전산화되고, 연구실 안팎의 환경은 크게 개선되어 어느 연구원에 못지않은 쾌적성을 확보하였습니다. 그러나 이러한 외형적 변화만으로는 부족하다고 생각합니다.

지금 우리 농업·농촌은 개원 당시의 위기감을 훨씬 뛰어넘는 위기감에 휩싸여 있고, 우리 연구원의 사명과 책무는 개원 이래 어느 때보다 막중하다고 아니 할 수 없습니다. 해야 될 일을 하지 못하고 그 자리에 있는 것은 죄악이라는 말을 정말 되새겨야 한다는 생각이 저를 숙연하게 합니다. 이러한 상황은 우리 연구원에 기회이자 위기라고 생각합니다. 그러나 시대가 요구하는 책무를 완수하기에는 우리는 아직도 열린 마음, 동료와의 협력, 원외와의 교류의식이 부족하고, 긍지와 자부심, 강한 직업의식과 집요한 탐구력이 모자란다는 것을 고백하지 않을 수 없습니다.

저는 개원 25주년을 맞이하며 우리 연구원 식구에게 협력 · 개방 · 긍지 · 탐구의 문화를 새롭게 가꾸어 가자고 제안하려고 합니다. 스티븐코비가 쓴 『7-Habits』에 보면 "마음이 바뀌면 행동이 바뀌고, 행동이 바뀌면 습관이 바뀌고, 습관이 바뀌면 성품이 바뀌고, 성품이 바뀌면 인생이 바뀐다"고 하였습니다. 저는 그러한 변화가 모이면 우리의 문화가 바뀌고 우리 연구원의 운명이 바뀐다고 생각합니다.

이제 우리 모두 새롭게 행동하기 시작합시다. 그리하여 우리의 문화를 바꾸고 이제까지보다 더 자랑스러운 새 25년을 엮어 갑시다. 끝으로 연구원을 떠난 많은 가족 여러분, 따스한 애정을 가지고 우리를 격려하여 주시고 우정 어린 충고를 아끼지 마시기 바랍니다.

문화를 바꾸어야 산다

(2003. 5. 26)

지난 5월 20일로 제가 원장에 취임한 지 1년이 되었습니다. 1년 전 저는 취임사에서 내가 연구원과 연구원 가족 여러분에게 무엇을 해 줄 수 있을 것인가? 우리 농업과 농촌이 도전의 칼날을 꺾고, 새 시대를 열어 가는데 우리 연구원이 무엇을 할 수 있을 것인가? 하는 질문이 저를 두렵게 한다는 솔직한 심정을 이야기하였습니다. 그러나 동시에 그런 두려움이 도리어 저에게 의욕과 열정을 느끼게 한다는 자신감을 표명한 바 있습니다. 그런 자신감을 바탕으로, 우리 연구원이 가야 할 비전과 그 비전을 실현하기 위한 전략을 공유하여 모두의 힘을 한 곳에 모을 수 있다면 우리는 자랑스런 성과를 이룩할 수 있을 것이라는 믿음을 이야기하고, 제가 생각하는 비전과 전략, 그리고 경영계획을 설명하였음을 기억하실 것입니다.

지난 1년간 취임사에서 밝혔던 경영계획을 근간으로 저의 능력이 닿는 데까지 노력하였습니다. 저의 계획대로 일이 진행되고, 저의 기대대로 성과가 나타나 기쁨과 보람을 느끼고 더 큰 희망을 갖기도 하였지만, 저의 뜻이 공감을 얻지 못하고 추진하는 일이 벽에 부딪쳐 내가 과연 잘 할 수 있을까 하는 회의에 빠질 때도 있었고, 심신이 피곤할 때는 내가 왜 원장이 되었을까 하는 자괴감이 순간 스치기도 하였습니다. 그러나 저의 생각 · 노력 · 결정에 따라 연구원의 위상과 연구원 가족 여러분의 삶이 직접 영향을 받게 된다는 엄연한 사실 앞에 스스로 용기를 북돋우고, 마음을 가다듬고는 하였습니다. 1년 동안 저를 직 · 간접적으로 도와 준 여러분, 비판적이고 회의적이면서도 신뢰의 끈을 놓지 아니한 여러분에게 감사하면서, 앞으로 우리가 세계 일류 연구기관으로 가기 위해 새로운 문화를 만들어 가자고 제안합니다.

첫째, 연구자로서 그리고 연구원 직원으로서 우리가 추구해야 할 가치관을 정립하고 전파하여 이것을 모두가 공유할 수 있어야 할 것입니다. 즉, 강한 직업의식, 집요한 탐구심으로 생명력 있는 연구결과와 업무성과를 얻는 것이 존경받고 평가받는 문화가 정착되어야 합니다. 이를 뒷받침할 수 있도록 평가, 연봉제 등 각종 제도와 그 운영방식을 꾸준히 개선해 나아가야 하겠지만, 우리가 그해 그해의 평가결과와 연봉, 성과급에 연연하지 말고 장기적 관점에서 연구원에서의 일생을 설계하고 그에 따라 행동하는 것이 중요하다고 생각합니다.

둘째, 외부의 지식, 관점, 생각을 끊임없이 받아들여 새로운 에너지가 될 수 있도록 해야겠습니다. 우리가 가지고 있는 인적 자원과 지식, 이제까지 우리를 지배한 고정관념에 집착하지 말고 밖으로 밖으로 나아가고, 안으로 안으로 끌어들이는 문화를 만들어 나가야겠습니다.

셋째, 누구도 특권과 특혜를 추구하지 않고, 누구도 차별받고 소외되고 있다고 생각하지 않도록 하여 냉소하는 문화를 극복해 나아가야 할 것입니다. 그러기 위해 모든 일이 더욱 투명하게 처리되고, 되도록 많은 정보가 공개되어 특권과 소외가 발붙이지 못하도록 해야 할 것입니다만 우리 모두가 주변을 보는 인식의 틀–패러다임–을 바꾸는 노력도 필요합니다.

넷째, 자기의 울타리 안에 칩거하여 그 속에서 안주하려고 하지 말고 서로 교류하고 협력하여 조직의 이점을 최대화하는 문화를 만들어 가야 하겠습니다. 개별적으로는 자기 계발과 기초 연구에 매진하되, 대형 사업의 참여자로서 흔쾌히 최선을 다하는 문화를 일구어 가야 한다는 것입니다.

다섯째, 업무적으로 비판하고 논쟁하되, 따뜻한 우정을 가지고 다른 사람의 장점과 성과를 먼저 보고 격려하는 문화를 만들어 갑시다. 못하는 사람보다 잘하는 사람을 보고 희망을 가집시다. 저도 이런 점이 매우 부족합니다만, 우리 모두가 노력해야 할 과제라고 믿습니다. 연구는 비판과 논쟁을 통해 발전하므로 날카로운 토론문화는 우리가 추구해야 할 중요한 목표이지만 항상 비판과 충고는 우정 어린 것이어야 합니다. 혹 게으르고 나태한 사람들을 걱정할지 모르지만 그런 사람들을 위해 바로 평가제도가 있는 것이라고 생각합니다.

여섯째, 우리 직장, 우리가 하는 일, 우리의 성과, 우리가 가지고 있는 유·무형의 자산에 대한 긍지를 가집시다. 우리는 우리가 생각하는 것보다 중요하고, 우리가 가지고 있는 것은 우리가 생각하는 것보다 훨씬 훌륭합니다. 우리가 우리를 보는 인식의 틀–패러다임–을 바꾸어 긍지와 자신감을 가지고 모든 일을 주도적으로 추진해 나가는 문화를 만들어 갑시다.

이상에서 제창한 문화를 일구어 가기 위해서는 제도와 운영방식을 바꾸어야 할 것도 있을 것이고(system change), 공감형성을 위한 토론과 대화도 필요할 것이고(mind change), 각종 로고와 이름을 다듬어 새로운 문화를 표상하는 일도 필요할 것입니다(visual change). 그러나 행동이 습관이 되고, 습관이 성품이 되며, 성품이 모여 문화가 되는 것이므로 문화를 바꾸기 위해서는 지금 행동을 시작하는 것이 중요합니다(behavior change).

어떤 일에 스스로 참여하는 자원봉사 행동, 시설과 환경을 소중히 아끼는 행동, 우정 어린 마음과 말 한 마디, 즐겁게 같이 시간을 보내는 행동 등이 모두 문화를 변화시키는 행동이 될 수 있다고 생각합니다.

우리는 할 수 있습니다. 우리 연구원은 이제까지 보다 훨씬 우수한 연구성과를 거양하고, 훨씬 높은 위상을 자랑하게 될 것입니다. 우리 연구원은 우리에게 훨씬 만족스럽고 밝고 명랑한 일터가 될 것입니다. 저는 지난 1년의 성과와 실패를 마음에 새기면서 세심하게 그러나 더 힘 있게 연구원을 이끌어 갈 것입니다. 모두 마음을 열어 힘을 합칩시다.

팔리지 않는 보고서는 쓰레기다

(2005. 1. 2)

저는 원장이 된 후 운영과 관계된 결재의 상당 부분을 부서장에게 위임한 데다 전자결재 및 전자보고 시스템을 적극 활용한 결과 결재와 보고 청취에 드는 시간이 과거에 비해 몇 분의 일로 줄어들었습니다. 또한 기획과제 이외에 모든 일반과제 관리를 부서장에게 일임한 결과 의례적 과제관리에 소요되는 시간도 대폭 줄어들었습니다.

그 대신 중요 과제의 내용을 직접 챙기고 때에 따라서는 시설관리와 IT시스템의 작은 부분까지 관심을 기울여 다듬어 왔습니다. 또한 연구원의 모든 일이 큰 운영원칙과 방향에 일치하도록 점검하여 운영이 모든 사람들에게 공평하고 투명하게 이루어지도록 하는 데 많은 노력을 기울여 왔습니다. 여러분이 이러한 나의 노력과 운영방식에 비판도 많이 했지만 모두가 열심히 따라 주었습니다. 그러는 사이에 우리는 어느덧 의기투합하였고 이제 모두가 정말 열정을 가지고 일하게 되었다고 생각합니다. 송년사에서도 이야기했지만 그렇게 여러분이 열정을 가지고 일한 덕분에 우리는 지난 몇 년 사이에 정말 많은 성과를 거두었습니다.

이제는 연구원의 각 부분이 해야 할 일이 주어지면 훌륭하게 해낼 수 있는 역량을 상당히 갖추었다고 생각합니다. 더 나아가 많은 부분이 해야 할 일을 스스로 찾아 내는 데까지 발전하고 있습니다. 요즈음 가만히 살펴보면 연구원의 각 곳이 꿈틀거리며 힘차게 움직이는 모습이 선하게 보입니다. 작년까지 우리가 추진하였던 각 부문의 혁신은 담당자들에 의해 더욱 발전하여 더 큰 성과를 얻게 되리라 확신합니다. 이제 우리 연구원은 결코 이류가 아니며 으뜸 연구원으로 힘차게 발돋움하고 있습니다.

나는 올해 나에게 주어진 시간 동안 새로운 발전의 방향과 전략을 제시하는 데 나의 능력과 시간을 할애하여 우리 연구원이 확실하게 세계적으로 신뢰받는 자랑스러운 으뜸 연구원을 향해 나가도록 하는데 모든 힘을 쏟으려 합니다.

첫째, 지난 해부터 진행중인 연구원의 핵심 가치 설정과 CI 작업이 훌륭하게 마무리되도록 하는데 모든 힘을 기울일 것입니다. 이 작업이 마무리되면 이것을 통해 우리가 추구해야 할 가치를 공유하고 우리의 존재를 스스로 인식하게 될 것입니다. 이와 더불어 봄이 되기 전에 연구원을 휘감아 도는 수목원과 산책길이 선큰가든을 거쳐 자료실과 휴게실, 대회의실을 지나 각층의 소회의실로 이어지는 벨트를 형성할 것입니다. 나는 이 벨트를 지혜의 벨트라고 하고 싶습니다. 이 벨트는 사색하고 토론하고, 우리의 가치를 확인하고 공유하는 공간이 될 것입니다. 물론 이 대회의실과 휴게실, 그리고 선큰가든이 테마공간이 되어 그 중심이 될 것입니다. 이 공간들을 활용하여 여러분이 기와 힘, 지식과 지혜를 얻고, 긍지와 일체감을 갖게 되시기를 바랍니다.

둘째, 이제까지 연구원이 제품을 생산하여 쌓아 두는데 만족했다면 이제부터는 고객을 찾아 생산된 제품을 파는 데 많은 노력을 경주하여야 합니다. 아무리 좋은 제품을 생산하여도 소비자가 사 주지 않으면 아무 가치가 없는 것이 됩니다. 중앙과 지방의 정책담당자, 농업·농촌 식품관련 기관과 기업의 담당자, 농업인과 그 단체의 담당자, 소비자, 학자, 학생, 이 모두가 우리의 고객입니다. 이들이 무엇을 원하고 어떤 것을 바라는지 우리는 민감하게 알아차려야 합니다. 또 그들에게 어떻게 전달해 주어야 우리의 제품에 관심을 갖게 되는지 끝임 없이 연구하여, 그들의 취향에 맞게 상품을 포장하여 전달하여야 합니다. 앞으로 기조실이 이러한 일에 많은 시간과 노력을 기울일 것이지만 우리 모두가 이 같은 생각으로 일해야 할 것입니다.

셋째, 우리의 역량을 키워 나가는 일에 좀더 많은 노력을 기울여 나가야 하겠습니다. 이제까지 우리는 우리의 지식을 이용하여 제품을 생산하는 데 열중한 나머지 새로운 지식을 형성하는 일에 소홀할 수밖에 없었습니다. 그러나 새로운 지식을 형성하는 일을 게을리하면 우리의 미래는 어두울 수밖에 없습니다. 따라서 올해부터는 모두가 공부하는 일에 힘을 기울입시다. 그러기 위해 새로운 지식과 지혜를 얻을 수 있는 기회를 넓히는 데 모든 노력을 기울일 것입니다만 우리 모두가 그 필요성을 인식하고 스스로 그 기회를 포착하는 데 관심을 기울이는 것이 가장 중요합니다.

올해 우리 연구원의 경영목표는 Marketing KREI, Learning KREI, 그리고 Value Integrating KREI로 하고자 합니다. 이러한 목

표의 달성은 여러분의 열정에 달렸습니다. 오늘 중앙일보에 여성 장애인이 벤처기업으로 성공한 이야기의 첫머리에 "열정이 인생을 바꾼다"는 말이 있었습니다. 여러분은 열정을 가진다면 무엇이든지 이룰 수 있는 능력과 여건을 가지고 있습니다. 그 열정이 모이면 우리 연구원은 세계적으로 신뢰받는 자랑스러운 으뜸 연구원이 될 것입니다. 자, 함께 가는 미래 더 높은 곳을 향하여 힘차게 나갑시다.

더 높은 곳을 향한 비상

(2005. 3. 31)

나누어 드린 다이어리는 마음에 드셨습니까? 다이어리에는 5년간의 달력과 계획표가 있는데 앞으로 5개년 후까지를 생각하며 살 수 있게 되기 바랍니다. 아람 로비와 멘토링홀에 있는 그림은 어떻습니까? 이제 농업과 농촌문제를 생각하는 데도 예술감각이 필요하다고 생각합니다. 때때로 음악도 듣고 그림도 감상하며 생각을 바꾸고 사고의 틀을 새롭게 합시다.

오늘 개원 27주년을 맞이하며 두 가지 큰 일이 완성된 것을 여러분과 같이 기뻐합니다.

먼저 약속했던 대로 서측 공간을 옹달샘터로 정비하여 여러분이 담소하며 즐거운 시간을 보낼 수 있는 또 하나의 공간을 마련하였습니다. 이제 은행나무길, 옹달샘터, 소나무길과 청매실길, 그리고 개암나무길을 거쳐 '아고라'까지 산책하며 우정을 나누고 명상하시기 바랍니다. 멘토링홀과 다산홀, 경연당, 토담실, 새롬터, 새빛방, 그리고 '천개의 눈'으로 이어지는 토론의 터에서 지혜를 얻고 전체를 훤히 바라볼 수 있는 통찰의 힘을 갖게 되기 바랍니다. 그래서 저는 이 길과 방을 '지혜의 벨트'라고 부르고 싶고 여러분이 두고두고 사랑하고 아끼는 공간이 되기 바랍니다.

그러나 오늘 우리 연구원의 비전과 사명을 체계화한 신가치를 선포하게 된 것이 무엇보다 기쁩니다. 이 작업을 위해 애쓰신 추진위원 여러분은 물론 수련회와 설문조사 등에 적극 참여하여 활발히 의견을 개진하여 주신 여러분에게 감사합니다.

우리의 급여수준은 괄목하게 향상되었고, 시설과 장비는 최고수준으로 개선되어 근무환경은 훌륭하게 정비되었습니다. 그 동안 박사급 · 석사급 · 학사급 인력이 모두 46명이나 보강되어 인적 자원도 매우 단단해졌습니다. 연구비도 30억 원 이상을 확보하여 필요한 연구비를 충분히 지원할 수 있게 되었습니다.

그러나 가장 중요한 것은 우리 연구원의 비전과 사명에 대한 인식을 공유하여 우리 모두가 같은 목표 아래 같은 기준과 지침에 따라 사고하고 행동할 수 있도록 하는 일입니다. 이를 저는 연구원의 새로운 문화, 새로운 가치체계의 확립이라고 생각하며 이것이 앞의 물적 조건정비와 어우러져 우리 연구원이 더 높은 곳을 향하여 비상할 수 있게 될 것으로 믿습니다.

우리 연구원의 생명은 신뢰입니다. 우리의 연구결과가 항상 최선을 다하여 객관적이고 엄격한 과학적 분석과 탐구에 근거한 것이며, 어떠한 의도에 의해 왜곡되거나 변질되지 아니하였음을 세상의 모든 사람들이 믿게 될 것입니다. 그런 신뢰감 때문에 사람들이 우리의 연구결과에 의존하여 깨우치고 토론하고 나아갈 방향을 선택할 것입니다. 그런 신뢰 때문에 우리의 존재와 역할에 대해 우리 스스로 자랑스럽게 생각하고, 사람들은 우리가 그들과 함께 있음을 자랑스럽게 생각할 것입니다. 이것이 우리의 꿈입니다.

이상과 같은 비전을 이루기 위해 우리가 존중하는 가치는 무엇보다 열정입니다. 열정은 우리를 전혀 새롭게 하고 연구원을 더 높은 곳으로 이끌어 가는 힘의 원천이라고 믿기 때문입니다. 그 열정에 힘입어 당면한 현실을 정확하게 파악할 뿐만 아니라 그 현실을 지배하는 법칙성을 끝까지 규명하는 탐구정신이 존중될 것입니다. 우리에게 탐구정신이야말로 양보할 수 없는 가치입니다. 그렇게 하여 드디어 전체를 훤하게 내다보며 통찰하는 것이야말로 우리가 가장 존중하는 가치이며, 모두가 그렇게 되기 위해 부단히 노력할 것입니다.

이와 더불어 로고도 바꾸고, 간판도 바꾸고, 보고서의 표지도 바꾸었습니다. 멘토링홀에는 신가치를 명기한 KREI WALL을 만들었습니다. 이것을 볼 때마다 우리의 사명과 역할을 다시금 새겨 모두의 생각과 행동을 지배하는 틀로 여러분 마음 속 깊이 자리잡게 되기를 바랍니다.

신가치 선포가 그저 선포에 그치고 모양만 바꾸는 것으로 끝날 것인가? 아니면 우리가 비상하는 계기가 될 것인가? 는 우리의 마음과 이제부터의 노력에 달렸습니다. 이것이 우리의 마음 속에 자리잡아 새로운 연구원 문화를 창조해 나가는 길잡이가 되도록 합시다. 저도 앞으로 남아 있는 49일간 모든 힘을 쏟을 것입니다.

어제 전문지 기자들 몇 명과 오늘 선포식에 대해 이야기를 하던 중 제가 차기 원장 공모에 나설 것인가의 여부에 많은 관심을 보였습니다. 여러분도 마찬가지리라 생각합니다. 기자들에게 이야기하기 전에 여러분에게 먼저 밝히는 것이 도리라 여겨 어제는 곧 알게 될 것이라고만 하였습니다.

그러나 지금 분명히 말할 수 있는 것은, 다시 3년간 연구원을 맡으려 한다면 이제까지 더욱 열심히 일하여 더 나은 성과를 거둘 자신과 의욕이 있어야 하나 저는 지금 그런 자신이 없고 그 책무가 두렵다는 것입니다. 3년 전에도 연구원을 책임 맡는 것에 대한 두려움이 있었지만 그 때는 연구원을 새롭게 바꾸어 나갈 의욕과 자신감이 강했기 때문에 주저하지 않았습니다. 그러나 지금은 의욕과 자신감보다 또 다른 3년이 과연 나에게 보람을 가져다 줄 것인가 하는 두려움이 더 큽니다. 새로운 의욕을 가지고 도전할 수 있는 보람 있는 다른 일이 있다고 믿으며, 연구원 일에 지장이 되지 않는 범위에서 퇴임 이후의 준비를 해 나갈 생각입니다.

우선 시베리아횡단철도 여행부터 할 생각으로 집사람에게 관련 자료수집을 부탁하였습니다. 그리고 뒤이어 동구를 지나 그리스, 터키를 거쳐 실크로드를 건너 중국 서부를 가로질러 서울까지 여행하고 싶습니다. 이런 여행을 위한 자료가 있으면 저에게 알려 주기 바랍니다.

그러나 남은 49일간 해야 할 중요한 일이 많습니다. 우선 홍보센터 설립과 내년 예산안 작성에 최선을 다합시다. 이 두 가지 일은 조금도 소홀히 할 수 없는 사안입니다. Learning KREI는 많은 가족의 열기 속에 멋지게 출발하였고, Marketing KREI는 이번 신가치 선포를 계기로 큰 힘을 받아 1년 후 여러분도 놀랄 만큼 달라진 모습을 보게 될 것입니다. 제가 그렇게 한다는 것이 아니고 여러분이 이미 그런 계획과 결의를 하고 있기 때문에 그렇게 될 것이라는 뜻입니다. 저는 이 두 가지 새로운 출발이 안정궤도에 진입하도록 노력할 것입니다. 또한 FTA, DDA 협상에 관한 연구와 기획과제가 큰 성과를 낼 수 있도록 심혈을 기울일 것입니다.

오늘 선포하는 신가치는 제가 여러분에게 드리는 가장 심혈을 기울인 작품이며 이것이 연구원을 더 높은 곳으로 이끄는 힘의 원천이 되기를 바랍니다. 그래서 나에게 더없이 큰 보람으로 남게 되기를 소망합니다.

열정과 냉정의 기억: 더 높은 곳을 향한 비상

열정, 탐구, 통찰

(2005. 3. 31)

우리 연구원은 산업사회가 본격화되고 개방시대가 막 시작되던 1978년 4월 1일에 개원하여 오늘로 27주년을 맞이합니다.

그 동안 우리 나라 농업과 농촌은 세계 경제발전 사상 유례 없는 급격한 산업화와 국제화의 충격에 휩싸여 왔고, 우리 연구원은 농업과 농업인이 그 도전을 극복할 수 있는 방안을 제시하기 위하여 노력을 기울여 왔습니다. 그러나 책무를 제대로 수행하지 못하여 여러분에게 염려와 걱정을 끼친 일도 적지 아니하였다고 생각합니다. 그런 가운데에서도 우리 연구원에 농정의 싱크탱크로 꾸준히 발전하여 온 것은 연구원의 선배 · 동료 여러분께서 27년 동안 온 힘을 다하여 맡은 일을 수행하셨고, 연구원 밖의 여러분들께서 때로는 격려하여 주시고 또 때로는 질책하며 이끌어 주신 덕분이라고 믿어 깊이 감사드립니다.

우리는 2년 전에 맞이하였던 개원 25주년을 계기로 연구원이 이룩한 성과와 부족함을 성찰하고 급변하는 시대의 요구에 맞도록 연구원의 정체성과 이념을 새롭게 정립하기 위해 노력해 왔습니다. 우리 연구원의 사명은 무엇인가? 우리는 어디에서 가치와 보람을 찾아야 할 것인가? 이러한 질문에 대한 답을 연구원 가족 모두가 공유할 수 있어야 연구원이 더 높은 곳을 향하여 비상할 수 있을 것으로 믿었기 때문입니다. 오늘 개원 27주년을 맞이하여 그 결과를 정리한 'KREI의 신가치'를 내외에 선포하고 세계적으로 명망 있는 으뜸 연구원으로 도약하려고 합니다.

우리 연구원의 생명은 신뢰입니다. 우리의 연구결과가 항상 최선을 다한 객관적이고 엄격한 과학적 분석과 탐구에 근거한 것이며 어떠한 의도에 의해 왜곡되거나 변질되지 아니하였음을 세상의 모든 사람들이 믿게 될 것입니다. 그런 신뢰감 때문에 사람들이 우리의 연구결과에 의존하여 깨우치고 토론하고 그들이 나아갈 방향을 선택하게 될 것입니다. 또 그런 신뢰 때문에 우리의 존재와 역할에 대해 우리 스스로 자랑스럽게 생각하고 사람들은 우리가 그들과 함께 있음을 또한 자랑스럽게 생각하게 될 것입니다. 이것이 우리의 꿈입니다. 이러한 꿈을 실현하기 위해 우리는 다음과 같은 사명을 마음 깊이 새기려 합니다.

농업인은 산업화·국제화의 격동 속에 많은 어려움을 겪어 왔고 앞으로도 도전과 위협은 그치지 아니할 것입니다. 농업인이 이러한 어려움을 극복하여 윤택하고 안정된 삶을 누릴 수 있는 방안을 규명하는 일은 무엇보다 중요한 우리의 사명입니다.

그러나 우리는 여기에 머무르지 아니하고 소비자에게 풍요롭고 안전한 식품을 보장하는 방안을 찾아 낼 것입니다. 농산물의 생산과 수출입, 유통, 소비여건은 급변하고 있고 소비자는 안전한 식품을 갈망하고 있습니다. 소비자에게 항상 필요한 식품을 부족함 없이 제공하고, 특히 그 안전성을 보장하는 일은 무엇과도 바꿀 수 없이 중요한 일입니다.

더 나아가 농산촌의 쾌적함을 유지하여 도시민의 삶을 윤택하게 할 방안을 규명하는 것도 우리의 중요한 사명입니다. 농산촌은 국토의 대부분을 차지하여 그 환경과 경관이 도시민의 삶의 질을 규정하는 중요한 조건이 되고 동시에 농촌주민에게 새로운 소득기회를 열어 주는 길이 되기 때문입니다.

연구원은 단지 연구하는 데 머무르지 아니하고 농업인, 소비자, 도시민, 정책담당자들이 모여 앞으로 나아갈 방향에 대해 충분히 의견을 교환하는 토론의 장을 제공할 것입니다. 이 토론의 장을 통해 이해의 폭을 넓혀 사회적 합의가 도출되도록 하는데 선도적 역할을 담당해 나갈 것입니다.

이상과 같은 사명을 다하기 위해 우리는 먼저 미래를 통찰하여 농업인, 소비자, 도시민에게 다가오는 위험과 기회를 누구보다 빨리 알려 이에 대비할 수 있도록 할 것입니다. 그런 의미에서 우리는 '메신저'입니다.

동시에 그들이 선택할 수 있는 여러 가지 대안을 마련하고 각 대안이 어떤 결과를 나타낼 것인가를 밝혀 그들이 합리적 선택을 할 수 있는 여건을 마련할 것입니다. 이 역할은 마치 교차로에서 여러 갈래의 길을 보이고 각 길을 따라 얼마를 가면 어디에 이를지를 보이는 '이정표'와 같습니다.

우리는 이정표의 역할을 하는데 머무르지 아니하고 어떤 길을 선택하는 것이 목표에 가장 빠르게 이르게 되는지를 밝혀, 가야 할 방향을 제시하는 '안내자'의 역할을 자임하려 합니다. 이를 위해 선택가능한 각 대안의 효과와 영향을 포괄적으로 비교하여 어떤 선택이 가장 바람직한 것인지를 제시할 것입니다.

이상과 같은 사명과 역할을 다하고 비전을 이루기 위해 우리가 존중하는 가치는 무엇보다 열정입니다. 열정은 우리를 전혀 새롭게 하고 연구원을 더 높은 곳으로 이끌어 가는 힘의 원천이라고 믿기 때문입니다. 그 열정에 힘입어 당면한 현실을 정확하게 파악할 뿐만 아니라 그 현실을 지배하는 법칙성을 끝까지 규명하는 탐구정신이 존중될 것입니다. 우리에게 탐구정신은 양보할 수 없는 가치입니다. 그렇게 하여 드디어 전체를 훤하게 내다보며 통찰하는 것이야말로 우리가 가장 존중하는 가치이며 모두가 그렇게 되기 위해 부단히 노력할 것입니다.

우리의 이러한 꿈과 다짐을 축하하고 격려하여 주시기 바라며 그 길에서 벗어날 때 우리를 깨우쳐 바른 자리로 돌아갈 수 있도록 지도하여 주시기 바랍니다. 우리 KREI 가족 모두는 여러분이 우리의 존재를 믿음직스럽고 자랑스럽게 생각할 수 있도록 최선의 노력을 다 할 것이며 반드시 그렇게 될 것입니다.

가슴 뛰는 의욕과 열정의 끝

(2005. 5. 19)

안녕하십니까? 오늘 아침 '지혜의 벨트'를 따라 마지막 산책을 하며 비 맞은 나무와 풀들이 매우 싱싱해 보여 기분이 상쾌하였습니다. 오늘 제가 연구원에서 방출된다고 했더니 아내와 아이들이 저를 인수한다고 왔습니다. 그런데 제가 이제 백수가 되어 아이들 혼사도 쉽지 않을 것 같습니다. 여기에 처녀, 총각들이 여러분 계시고 또 혼기를 맞은 아들, 따님을 두신 분들도 있으실 텐데 우리 아이들 보시고 마음에 있으면 잘 기억해 두시기 바랍니다.

취임식은 기대와 기쁨이 교차하는 즐거운 자리이지만 이임식은 아무래도 섭섭함과 회한이 교차하는 자리일 수밖에 없습니다. 그러나 오늘 이 자리는 좀 즐거운 자리가 되었으면 합니다. 저는 새로운 삶을 시작하는 자리이고 여러분은 더 보람 있는 새로운 3년에 대한 기대를 마음껏 부풀릴 수 있는 자리가 되기 바랍니다.

저의 거취에 대해 내외의 관심이 많은 것 같아 지난번 개원기념식 때 그저 짐짓 원장 공모에 나서지 않고 시베리아 여행을 떠나겠다고 하였으나 최세균 박사가 박수를 치며 즐거워하고, 그 후 여러 분들이 나를 만날 때마다 "시베리아에 언제 가느냐"고 묻는 바람에 뒤 돌아설 수 없게 되어 버렸습니다(!). 더욱이 어떤 신문에서는 훌륭한 용단이라는 표현을 써 가며 저의 거취문제를 이야기하는 바람에 퇴로를 완전히 차단당하고 말았습니다. 제 앞길을 막아 버린 최세균 박사와 그 기사를 쓴 기자를 내 평생 잊지 않을 것입니다(!).

아무튼 그래서 진짜 17일간의 시베리아 여행을 아내와 함께 떠납니다. 블라디보스토크에서 모스크바까지 기차로 6박 7일간을 꼬박 달려야 한다니 그 거리가 가늠되지 않습니다. 창 밖의 풍경은 그저 자작나무 숲일 뿐 단조롭기 그지없어 음악과 책, 그리고 마음 맞는 동행자가 없으면 못견딘다고 합니다. 음악도 많이 듣고, 책도 읽고, 앞으로의 내 인생도 깊이 생각해 보고, 아내와 이야기도 많이 하렵니다. 그리고 다음에는 모스크바에서 이스탄불까지 그리고 이스탄불에서 실크로드를 거쳐 서울까지 여행을 순차적으로 하고 싶습니다. 어떤 분이 지난번 기념사 때는 그 긴 여행을 한 번에 다 한다는 것으로 알고 박수를 쳤는데 세 조각을 낸다니 실망이라고 해서 정말 한 번에 할까 하는 오기가 나기도 했으나 참기로 했습니다.

오늘 오후부터 당장 가 있을 데가 있어야 하므로 포이동에 조그만 연구실을 마련하였습니다. 저는 집이 있는 분당에 연구실을 마련하려 했으나 아내가 분당에 있으면 수시로 집을 드나들며 귀찮게 할 것이라며 극구 반대하여 할 수 없이 분당이 아니면서 집에서 가까운 포이동으로 타협을 보았습니다. 오늘 오후부터 그 곳에 나가 자료도 정리하고 책도 읽으며 한가로운 시간을 보내려 합니다. 만약 이번 여행에서 훌륭한 시베리아 구상이 가다듬어진다면 이에 따라 새로운 계획을 추진해 나가려 합니다. 앞으로 여러분의 따뜻한 격려와 성원을 부탁드립니다.

떠나는 자는 말이 없어야 한다고 생각하여 그저 고맙다는 말만을 남기려고 하였으나, 한두 가지 당부의 말씀을 사족으로 덧붙이려 합니다.

우선 이번에 25년 만에 책장을 모두 정리하면서 느낀 소감을 한마디 하고 싶습니다. 책을 하나하나 뒤적이면서 저는 우리 연구원은 물론 학계에서도 대단히 많은 자료와 연구가 쏟아져 나오고 있음을 발견하고 놀랐습니다. 문제는 그런 자료와 연구들이 다듬어지고 체계적으로 정리되어 현실에 유용한 대안으로 연결되지 못하는 데 있다는 느낌을 받았습니다. "구슬이 서 말이라도 꿰어야 한다"는 말과 같이 단편적 자료와 분석은 이루어지고 있지만 이것이 제대로 꿰어지지 못하고 있다는 것입니다. 자연과학분야에서도 분야별 기술개발은 많이 이루어져도 이것이 결합되어 상품개발로 연결되지 못하는 경우가 대단히 많다고 합니다. 이 경우 그 기술개발이 아무리 훌륭한 것이라 해도 그것은 아무 쓸모가 없는 것입니다. 그 기술이 비록 보잘 것 없는 것이라도 그것이 상품개발에 요긴하게 쓰인다면 그것은 의미 있고 중요한 것입니다. 우리의 많은 연구결과를 어떻게 꿰어 현실 세계에서 쓰임새 있는 상품으로 만들 것인지 깊이 고민해야 할 것입니다.

그리고 제가 지난 3년간 노력한 결과를 성찰해 보았습니다. 제가 지난 3년간 노력한 것은 우리가 인간답게 자존심을 지키며 살기 위한 것이었다고 생각합니다. 그래서 자존심이 상하지 않는 정도의 급료와 복지제도를 확보하려고 노심초사하였습니다. 그리고 널리 활용되고 신뢰받는 연구결과를 당당히 내놓아 국민의 세금을 쓰는 것이 조금도 부끄럽지 않기 위해 안간힘을 다하였습니다. 그러나 여러분의 삶은 얼마나 향상되었고 당당한 연구결과, 적어도 부끄럽지 않은 연구결과를 얼마나 이 사회에 내놓았는지, 얼마나 우리 사회가 나갈 길을 당당하게 제시하였는지 성찰하며 우리를 지켜보는 사람들의 냉엄한 평가를 두려워할 따름입니다.

저는 여러 가지 꿈과 의욕을 가지고 원장의 책임을 맡았습니다만 많은 것을 미완의 장에 남겨 둔 채 떠납니다. 그러나 여러분이 우리가 지난 개원기념일에 내외에 선언한 신가치를 추구한다면 세계적으로 신뢰받는 자랑스러운 연구원이 되어 보람과 긍지를 느끼며 살게 되리라 믿습니다. 그것이 우리의 삶을 안정시키는 가장 확실한 길이기도 할 것입니다. 그러기 위해 항상 눈과 귀와 마음을 열어 연구원 담 밖을 보시기 바랍니다. 더 나아가 연구원 담도 헐어 내시기 바랍니다. 부실, 팀, 팀원 사이에 쌓인 담을 모두 헐어 정보와 지식을 공유하고 연대하시기 바랍니다. 담은 우리를 보호하는 것이 아니라 우리를 가두어 쇠락하게 할 것입니다. 그리고 항상 더 높은 곳을 향해 열정을 가지고 탐구하고 통찰하시기 바랍니다.

끝으로 마지막 당부 말씀을 드리겠습니다. 연구원은 현재 중요한 현안이 많습니다. 불행히도 다음 원장 선임이 늦어져 두 달 이상 부원장님의 대행체제가 될 것이므로 어려운 점이 있을지도 모릅니다. 더욱이 원장 선임에 모두의 관심과 초점이 모아지면 더욱 어려움이 있을 수 있습니다. 여러분들이 평소보다 더욱 힘을 모으고 단합하여 이 어려운 시기를 잘 극복하시기를 당부합니다.

저에게 연구원은 평생토록 자랑스럽고, 저도 여러분에게 오래도록 자랑스럽게 기억되기를 바랍니다. 꼭 그렇게 되기 위해 우리 같이 노력합시다. 그리고 우리는 반드시 그렇게 될 것입니다. 안녕히 계십시오.

■ 농업문제의 심연을 향한 여행

초판인쇄 2007년 10월 5일
초판발행 2007년 10월 10일

저 자 이 정 환
발 행 인 노 현 철
발 행 처 도서출판 해남
서울시 서대문구 냉천동 182 냉천빌딩 4층
전화 739-4822 팩스 720-4823
e-mail haenam30@dreamwiz.com
homepage www.hpub.co.kr
등록 1995. 5. 10 제1-1885호

정 가 15,000원

ISBN 978-89-86703-96-2 03800